陪 伴 女 性 终 身 成 长

爱上手冲咖啡

〔日〕田口护 〔日〕山田康一 著

安忆 译

江苏凤凰文艺出版社

JIANGSU PHOENIX LITERATURE AND
ART PUBLISHING, LTD

萃取是一杯咖啡的高潮。

在将咖啡倒入杯中品尝之前，这一步是决定咖啡最终出品风味的关键。

萃取能让你快速感受咖啡的美味，只需片刻，即可享用。

这是收获满满成就感和幸福感的愉悦瞬间。

手工精心筛选阳光孕育出的生豆，并对它们进行烘焙等加工处理。

每一位经手之人的点滴用心伴随着一粒粒咖啡豆，最终传递到我们手中。

如何最大限度地释放一粒豆子的美味，

这一挑战体现了萃取的技术，也是萃取的精髓。

其中，滤纸滴漏式是自由度较高的萃取方式。

这种萃取方式不仅能自由把控影响萃取的各种变量，

还具有灵活应对个人口味与市场流行趋势的巨大潜力。

滤纸滴漏式需要的不只是卓越的技术与熟练的手法，

还有咖啡豆的烘焙度、研磨度、投粉量、水温、萃取时间和萃取量。

只需稍稍调整变量，就能用相同的豆子萃取出不同风味的咖啡。

若能正确理解萃取的技法，

任何人都能轻松获得自己想要的味道。

想要自由控制这些变量冲泡出自己想要的味道，

需要充分理解萃取的技法，了解改变各项变量会带来的各种结果。

本书会介绍各类萃取方式的基础技术与控制味道的基本技法。

理解这些技法后，通过自行组合变量进行控制，

萃取咖啡的可能性会大大拓展，也会变得乐趣无穷。

彻底掌握了这些技法，冲泡出一杯专属于自己的美味咖啡将不再是梦。

萃取方式和对风味的偏好随着时代的发展不断变化，

流行方式从法兰绒滴漏式、虹吸式、滤纸滴漏式、滴漏式咖啡机发展到意式咖啡机。

而我秉承信念，坚持选用滤纸滴漏式萃取，已过了整整半个世纪。

时至今日，世界终于进入滤纸滴漏式的时代。

如今，很多咖啡馆都会在吧台上整齐地摆上一排滤杯。

有些店家会在意式咖啡机边备好滤杯，

让顾客自己选择喜欢的萃取方式。

这样的变化令人欣喜。

我不愿带着磨炼了半辈子的萃取技术拂袖而去。

我希望将这些技法传授给未来可期的年轻后继者们，

让更多的人发现咖啡的美好。

本书既适合想在家享受咖啡的读者参考，也适合打算自己开店的朋友学习。

自己烘焙咖啡豆有一定的门槛，而用滤纸滴漏式手冲咖啡则非常容易入门。

即便是从未接触过的新手，也能成功冲泡出一杯好咖啡。

不仅如此，这种方法还能使用相同的器具不断精进冲泡手法。

前几天，光顾巴赫咖啡30多年的顾客笑着说了一番话。

他说："我终于泡出比巴赫咖啡更好喝的咖啡了！"

这位顾客不仅在我的店里喝咖啡，也会购买店里烘焙的咖啡豆，

还参加了咖啡萃取课。

我反复回味他的这句话，由衷地感到高兴。

希望翻开这本书，学会萃取技法的读者朋友们，

不要止步于冲泡出自己喜欢的咖啡，

而要把咖啡的美好传递给更多的人，将咖啡文化发扬光大。

田口护

目 录
Contents

1

序章

An Introduction

写在咖啡萃取之前

什么是美味的咖啡

咖啡在萃取之前还需经过多道工序。

优质生豆经过用心手选后，再以合适的烘焙度加以烘焙，才能激发其个性。

临萃取前，需要根据萃取方式将咖啡豆研磨成颗粒均匀的咖啡粉。

只有做到了上述几点，才有资格去挑战通过萃取最大限度地激发咖啡豆的美味。

在进入本书的正题之前，我们需要明确一个概念：什么是美味的咖啡？

在萃取咖啡前需要知道的事

本书意在说明如何通过萃取获得一杯美味的咖啡。在此之前，有必要了解一下咖啡在萃取前经历的漫长加工之旅。萃取，就是咖啡粉变成咖啡的过程，也是将此前众人把咖啡种子变为咖啡粉所付出的辛劳与心意转变为结果的过程，是充满愉悦的瞬间。若用马拉松来做比喻，就像是从看不见终点的地方起跑，经过漫长无言的奔走，终于来到距离终点还有数百米的地方。而萃取正是在大家的欢呼声中冲过终点的动人一刻。

萃取——让凝结在每粒咖啡豆中的心血华丽变身的瞬间

"From Seed to Cup（从种子到杯子）"是精品咖啡的基本理念。从一粒咖啡种子到萃取成咖啡液，最后倒入杯中品味，这期间的每一道工序都要尽心尽力，绝不能马虎。这一点不仅限于精品咖啡，所有咖啡皆是如此。

咖啡在世界各地不同产区的微气候中生长，每个产地的采收方式也不尽相同。不论是手摘还是拾取落在地上的成熟果实，采收到的咖啡果中难免会混入青果和杂物。同样是手摘，有的直接从枝条上大把捋取果实，有的则严选成熟红果逐一摘取，这两种方式手摘的咖啡果的特性与品质有着天壤之别。

采收到的果实必须通过分选机或人工筛选。不仅如此，采收后还必须马上进行加工处理，不然咖啡果就会腐烂变质。鲜果去除果肉与杂质，再进行加工并干燥，才能得到可用于贮藏和销售的生豆。

有些生豆中会混有许多杂质和瑕疵豆。在烘焙前，需再次对看似干净的生豆进行二次手选，挑选出杂质和瑕疵豆。一粒瑕疵豆就能对咖啡的风味造成极大的破坏，所以必须率先剔除

1 种植：有大规模统一种植管理的，也有在接近自然环境下小规模种植的。**2** 咖啡苗：从幼苗培育到开花结果需要3年左右。**3** 采收：从手工一粒粒摘取到机械式采收，方法多种多样。**4** 果实：绿色小果子慢慢长成又大又红的成熟果实。**5** 咖啡樱桃：成熟的果实有"咖啡樱桃"的美称。**6** 日晒：彻底晒干、去壳。**7** 银皮：晒干后就能判断生豆的品质，之后还需去除羊皮纸层（内果皮）。照片展示的是大小均匀的优质生豆。**8** 生豆：在这一步剔除部分瑕疵豆。

这一不利因素。另外，豆子的形状与大小比较匀称，也有助于更均匀地烘焙。

至此，终于可以开始烘焙了。很多人认为咖啡的风味是由产地决定的，其实这种说法只在"烘焙度相同"这个前提条件下才能成立。咖啡苦味与酸味的丰富程度，质感、香味的强弱，醇厚度与爽口度等，都是由生豆的质量所决定的。正确把握每一粒生豆所蕴含的可能性，决定抑制什么味道、激发什么味道，确定最终想要萃取出的咖啡的口味，并进行立体式的加工，这就是烘焙。可以说，烘焙度决定了咖啡的风味。最理想的状态是在最大限度展现生豆风味的适当范围内，依照自己的喜好进行烘焙。

上文简单介绍了咖啡从种植到烘焙的基本流程。作为咖啡萃取的大前提，正确理解上述内容，购买烘焙得当的咖啡豆是萃取的第一步。

大家可以购买烘焙好的咖啡豆，也可以在家自行烘焙。购买烘焙好的咖啡豆需要培养辨别优质烘焙豆的"眼力"，而在家自行烘焙则需要磨炼"手法"。建议参考《咖啡品鉴大全》或《田口护精品咖啡大全》。

什么是美味的咖啡

另一个需要明确的问题是"什么是美味的咖啡"。这个问题看似简单，实则不然。对"美味"的判断与"喜欢""厌恶"一样，容易受到个人偏好、身体状况等各种因素的影响，很难明确定义。

作为客观表述，相比"美味"，我更倾向于使用"好咖啡"和"坏咖啡"这两种表达方式。这样一来，不论是哪种咖啡处于何种情况下，都能给到明确的基准，也便于再现其风味。

其中，"坏咖啡"的各种要素更为简明易懂。只要尽可能剔除破坏风味的要素，那么最终萃取出的咖啡自然就是在"适当范围内"的"好咖啡"了。而处于"适当范围内"这一条件，基本就可以排除出现"难喝咖啡"的可能性。所以说，咖啡的"好球区[1]"并非是一个点，而是一个范围。因此，在处理咖

---

1 好球区也叫好球带，是棒球或垒球比赛中，对投手投出的球的好坏的判断依据。
　这里指美味咖啡的范围划定。——编者注

啡风味时，要避免投出坏球，尽可能地瞄准好球区。严选生豆，得当地烘焙、研磨、萃取，就能冲泡出投入好球区的"好咖啡"。个人喜欢的咖啡风味，可以在这个好球区范围中慢慢摸索。

那么，投入"好咖啡"的好球区需要哪些具体条件呢？我通常使用以下四个条件进行定义。

　　1 零瑕疵的优质生豆

　　2 新鲜烘焙的咖啡豆

　　3 烘焙得当的咖啡豆

　　4 现磨现冲的咖啡

接下来，我将逐项展开，更详细地介绍。

1　零瑕疵的优质生豆

此项并不是指昂贵的生豆。挑选的重点应放在是否彻底剔除了瑕疵豆。

瑕疵豆种类繁多，生豆中若是混入了发酵豆、发霉豆、死豆、未熟豆、虫蛀豆、黑豆、带壳豆（果肉未去除干净）、银皮（内果皮）、破裂豆、贝壳豆、红皮豆（干燥中遭雨淋的豆子）等瑕疵豆，不论有多高超的烘焙技法，出品都难免出现异味、霉味或浑浊。

随着精品咖啡的崛起（精品咖啡的详细内容请参考《田口护精品咖啡大全》），咖啡行业迎来了追求高品质的时代，生豆中混入的瑕疵豆大幅减少。即便如此，还是有必要进行手工筛选。同时，希望大家了解，在精品咖啡之外，还有许许多多优质的咖啡。

2　新鲜烘焙的咖啡豆

咖啡豆的最佳赏味期，在常温保存的情况下，通常为烘焙后的两周以内。当然，贮存环境和保存方法都会影响到豆子的新鲜度。比如，存放在高温高湿的条件下会加速咖啡豆的风味流失。若要长时间存放，建议将咖啡豆冷藏或冷冻保存，将豆子按小份分装并密封冷冻可以存放一个月以上。如果直接购买烘焙好的咖啡豆，一定不要忘记确认咖啡豆的保存情况和烘焙时间。

3　烘焙得当的咖啡豆

烘焙的目的是最大限度地激发生豆所具有的特点和个性。每粒咖啡豆都有各自的最佳烘焙度。一般来说，可以从浅烘焙到深烘焙来逐步尝试各个烘焙度，分别确认香味的变化，这样就能准确锁定恰到好处的烘焙度了。详细内容会在后文的烘焙度章节再做展开讲解。在《咖啡品鉴大全》一书中，我制作了名为"系统咖啡学"的烘焙度对照表。从低海拔产地的软豆到高海拔产地的硬豆，从浅烘焙到深烘焙，我将各款咖啡豆的烘焙度适当地整理成了表格。不同的豆子有不同的适合的烘焙度，在不适合的烘焙度下，却想要烘焙出美味的咖啡豆是非常困难的。具体可参考图表14（P048~049），选用烘焙得当的咖啡豆。

4　现磨现冲的咖啡

原则上，我们应该保存完整的咖啡豆，到萃取前再进行现磨。非现磨的咖啡粉冲入热水后不会鼓包。磨成粉后，咖啡粉的表面积是咖啡豆的数百倍，与空气的接触面积大幅增加，风味流失与氧化的速度也会大大加快。如果家中没有磨豆工具而只能购买咖啡粉，一定要密封存放在冰箱中，并在一周内用完。

另外，不用说也该知道，不要将萃取后的咖啡存起来，也不要再次加热饮用。

综上，"好咖啡"的定义如下：

将剔除瑕疵豆的优质生豆以适当的烘焙度进行烘焙，并在豆子尚新鲜时恰到好处地萃取而成的咖啡。

可以这么说，"好咖啡"可能不是每个人都认可的"美味的咖啡"，但"坏咖啡"一定是"难喝的咖啡"。

职业咖啡师追求的是再现相同味道

练习冲泡"美味咖啡"的过程中，最重要的是让每次冲泡的咖啡都能进入好球区。在此基础上，职业咖啡师还需磨炼控制味道的技法，在这片好球区中锁定更小范围，尽可能做到品尝后感觉喝到了与上次相同味道的咖啡。

咖啡的风味变幻莫测。作为农作物，即便是相同产地同一庄园种植采收的咖啡豆，其风味也会极大程度地受到每年不同气候的影响。另外，精制、烘焙、保存管理、磨豆……不论哪个环节，都不能做到像工业制成品那样，一直保持完全相同的味道。

正因如此，在最终的萃取中，咖啡师才需要充分理解萃取的技法，把控各项变量，去化解之前各加工阶段中出现的差异，再现与过去别无二致或口感非常近似的味道。对于职业咖啡师来说，"味道的再现"是做好咖啡不可或缺的技术，只有实现了这一点，才有资格做职业咖啡师。为了让认可"这家店的咖啡好喝"而光顾的常客感觉到"今天也是同样的好味道"，必须做到精准再现店里的标准风味。

这里展示的是巴赫咖啡从购入生豆到萃取的实际步骤，一起确认打磨味道的工序吧。

❶ 生豆的香味特性（味道）

❷ 生豆的手选（第 1 次）

❸ 烘焙

❹ 烘焙豆的手选（第 2 次）

❺ 烘焙豆的存放管理

❻ 拼配（单品咖啡略过此步）

❼ 磨豆（粉碎）

❽ 萃取

　　打磨味道的每段工序都是一个有机的整体。一般来说，如果到第❸步的烘焙为止，味道的控制已完成了九成，就是高效而理想的情况。不过，假如在第❸步的烘焙中火候稍稍过头，烘焙得深了一些，也能在第❻步的拼配中及时调整。如果用单品豆，则可在第❼步或第❽步中进行微调。原则上，"前段工序的失误只能通过后段工序弥补"。也就是说，萃取是对风味进行微调的最后机会。当然也别忘了，"后段工序不能完全抵消前段工序的失误"。因此，不要依赖最后的萃取去弥补之前的问题，而应在每段工序都尽心处理，在此基础上磨炼控制，把握最终的微调机会，用心再现想要的味道。

了解控制手法，磨炼萃取技法

　　在最后的微调机会中，若能将各种变量的性质转变为自己的知识，学会萃取技法，冲泡出自己想要的味道，就能提高咖啡味道的再现力。这一点在自由度很高的滤纸滴漏式萃取中显得尤为重要。不了解控制的技法就去挑战萃取，未免有些盲目。

想要控制咖啡的味道，不仅需要熟练掌握萃取的手法，还需要把控好烘焙度、咖啡豆的研磨度、投粉量、水温、萃取时间、萃取量等变量，而且上述变量只需稍作改动，就能用同样的烘焙豆冲泡出不同风味的咖啡。因此，我将这些萃取技法整理成册，写成了本书。

第1章主要介绍萃取咖啡的原理和滤纸滴漏式的基本萃取方法。第2章重点说明决定咖啡味道的六大变量，详细介绍控制咖啡味道的技法。第3章则以滤纸滴漏式萃取为重点，围绕各种萃取器具，分析不同器具出品的不同咖啡的风味特点。

如今，手冲萃取在世界范围内重新得到认可和关注，了解萃取的控制技法对于咖啡业界来说很有必要。巴赫咖啡花了整整50年时间在实践中积累并总结出了手冲萃取的技法，希望翻开本书的各位读者能切实地将这些技法转化为自己的知识与技术。

第 1 章　　Chapter 1

咖啡萃取的原理

为了打好萃取基础

咖啡萃取并非难事，谁都能胜任。

但是，滤纸滴漏式萃取的自由度特别高，想要每次都稳定而不受影响地再现相同味道绝非易事。

所以，想提高味道的再现力，首先应该充分理解萃取的原理。

之后不断磨炼萃取的基本技法，做到应用自如。

本章将详细讲解『咖啡萃取的原理』和『滤纸滴漏式的基本萃取手法』。

1

咖啡萃取的原理

说得极端一些，若是不讲究味道，谁都能萃取咖啡，萃取本身并非难事。准备好咖啡粉和萃取器具，之后只需热水和杯子就能冲泡出一杯咖啡。

然而很多人都有过类似的疑问：为什么常去的咖啡馆里喝到的美味咖啡和自家冲泡的咖啡味道会相差如此之大呢？不仅如此，即使使用相同的烘焙豆和器具，自己冲泡的咖啡与家人冲的咖啡味道也会不同。更有甚者，同一个人冲泡的咖啡也会出现"今天一般般"和"这一次挺不错"这样的味道变化。不对萃取进行深入思考，就算冲泡多年的咖啡，得到的味道也都是"单次限定"，很难提高味道的再现力。

即便用同款生豆从头做起，如上文所述，烘焙度的差异、存放状况的差异、咖啡粉的研磨方式不同等都会极大程度地影响咖啡的味道。有时，即便调整好各项变量让咖啡豆能够稳稳打入好球区，同用一批豆子也会因为萃取条件的不同，出现"一般的咖啡""想再来一杯的咖啡"和"极其美味的咖啡"等多种不同的结果。

乍看之下，萃取不过是往咖啡粉里倒热水，其实它有其独到的技法。在微观世界里，萃取的过程中究竟发生了些什么，虽然不能直接用肉眼观察，但是通过理解在滤杯中发生的现象，我们可以找到解释萃取结果不同的答案。首先，从萃取的原理和其中发生的现象开始分析吧。

萃取，即多大程度地提取咖啡豆的成分

在萃取器具中，热水与粉碎后的咖啡豆之间发生着非常复杂的现象。为此，条件一旦发生细微的改变，就会让萃取出的咖啡具有丰富的味道变化。担任本书科学顾问的咖啡研究第一

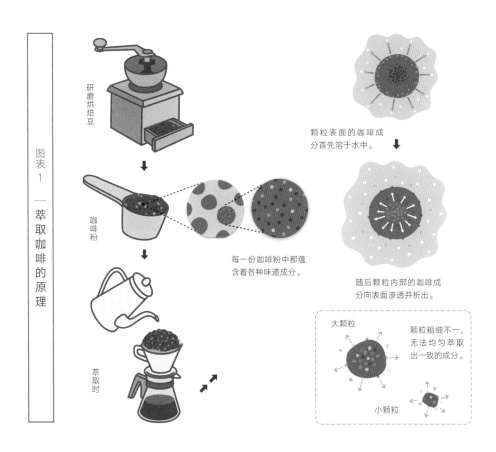

图表 1 —— 萃取咖啡的原理

研磨烘焙豆

咖啡粉

萃取时

颗粒表面的咖啡成分首先溶于水中。

每一份咖啡粉中都蕴含着各种味道成分。

随后颗粒内部的咖啡成分向表面渗透并析出。

大颗粒

颗粒粗细不一，无法均匀萃取出一致的成分。

小颗粒

人——旦部幸博[1]先生针对萃取特别指出："咖啡豆的香味成分是由烘焙以及之前的各项工序所决定的。萃取的本质在于多大程度地提取咖啡生豆经烘焙所产生的成分，程度决定其味道。咖啡中含有多种成分，有的亲水性好易溶于水，而有的亲油性（疏水性）强不易析出。理解了利用条件和时间差能提取出哪种成分后，就有可能控制萃取出的咖啡液的味道。"

当然，直接将烘焙豆泡在热（冷）水中，是难以析出其中的各种成分的。研磨粉碎是帮助咖啡豆成分溶入水中的第一步。然而，在成分易溶于热（冷）水的同时，咖啡在磨成粉后与空气的接触面积大幅增加，也会加速氧化和香味流失。因此，建议在临萃取前现磨咖啡豆。现磨是"美味咖啡"的重要前提。

1　日本知名咖啡研究者。医学博士，专攻微生物学、遗传学。——编者注

要萃取出想要的味道，首先确保粉末颗粒均匀

研磨咖啡豆的一大重点是尽量保持粉末颗粒均匀。因为颗粒粗细不同会造成萃取出的成分不一致。在热水中浸泡同样时长的情况下，大颗粒内部的成分不容易溶于水中，而小颗粒的成分则很快全部析出，用粗细不同的咖啡粉萃取出想要的风味是很困难的。

咖啡磨的结构原理会在第2章详细解说，但家用的简易桨叶式粉碎机很难将咖啡豆粉碎成颗粒均匀的粉末。因为那些刀片不易接触到的豆子会磨得太粗，而靠近刀片的豆子则打得过细，变成了微粉。

这样一来，微粉和颗粒较粗的咖啡粉就会不可避免地混在一起。想要冲泡出味道稳定的咖啡，提高再现性，自主控制咖啡的味道，必须使用能最大限度保证出粉颗粒均匀的专用咖啡磨。

如果你正在使用家用的简易咖啡磨，建议最后用茶滤过筛，去除微粉，尽量确保咖啡粉颗粒均匀。建议不妨尝试一下，相信会在实践中切身体会到味道的差异。

浸泡式还是滴漏式，什么是适合控制味道的萃取？

咖啡的萃取器具种类繁多，有滴漏式、虹吸式、意式咖啡机、法式滤压壶等。算上一边加热一边煮咖啡粉的土耳其式，咖啡萃取从原理上可以粗略地分为两大类，即浸泡式与过滤式。

浸泡式，顾名思义是将咖啡粉放入热（冷）水中浸泡萃取。而过滤式则是将咖啡粉做成粉层，让热（冷）水通过粉层滤下。不论哪种方式，在浸泡与过滤的过程中，咖啡粉中的成分都会转移到热（冷）水中，最终变为一杯咖啡。

一般认为，虹吸式、法式滤压壶和土耳其式属于浸泡式萃取，而滴漏式和意式咖啡机则为过滤式萃取。事实上很多器具兼具两种萃取方式的要素，无法简单地进行区分。各类器具的特点会在第3章中详细讲解。

不论是浸泡式还是过滤式，咖啡粉中亲水性好、易溶于水的成分与亲油性（疏水性）强、不易析出的成分是不变的。不过，各种成分易溶于水的程度会随着温度的变化而发生改变。

在理解上述原理后，若能巧妙地利用原理适时调整萃取温度和时间，理论上就能萃取出自己想要的味道了。

图表2 │ 萃取器具的种类

浸泡式 ↑

虹吸式

法式滤压壶

土耳其式

意式咖啡机 ↓

滴漏式

过滤式

浸泡式与过滤式萃取的原理

浸泡萃取与过滤萃取时，咖啡粉与热（冷）水之间发生了怎样的反应呢？在此将两者简化后进行介绍，希望读者能把握其原理。这部分内容是旦部幸博先生通过电脑分析做出的模拟结果。

浸泡式萃取

浸泡萃取如下图所示，是将一定量的咖啡粉与热（冷）水一次性全部混合在一起，其味道成分会随着时间的推移不断析出，原理较为简单。

咖啡粉所含的成分虽然会逐渐转移到水中（参考P016的图表3之①），但不论经过多长时间，咖啡粉的成分都不会完全溶于水中。这是因为咖啡粉的成分虽然会在短时间内从粉内析出并溶于水中，但是随后部分溶于水中的成分则会再次回到咖啡粉里。随着粉内成分浓度的减少和水中浓度的增加，成分从粉内向水中析出的速度会逐渐减缓（参考图表3之②）。这两者速度一致后，成分将不再析出，呈现平衡状态。

各种成分均会出现这一现象，其结果就是从整体来看，随着时间的推移咖啡不断变浓，不易溶于水的成分的浓度逐渐提高。

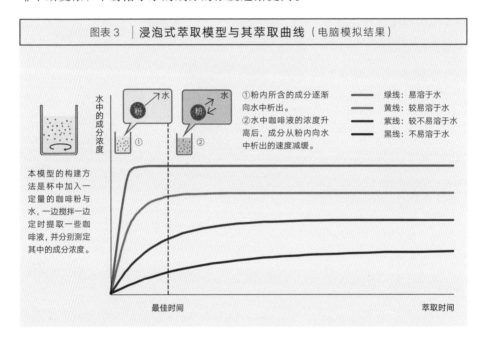

图表3 ｜ 浸泡式萃取模型与其萃取曲线（电脑模拟结果）

①粉内所含的成分逐渐向水中析出。
②水中咖啡液的浓度升高后，成分从粉内向水中析出的速度减缓。

绿线：易溶于水
黄线：较易溶于水
紫线：较不易溶于水
黑线：不易溶于水

本模型的构建方法是杯中加入一定量的咖啡粉与水，一边搅拌一边定时提取一些咖啡液，并分别测定其中的成分浓度。

水中的成分浓度

最佳时间　　　　　　　　　　　　　　　萃取时间

过滤式萃取

相较于浸泡式萃取，过滤式萃取的原理要复杂得多。为了尽可能简化变量，在此使用的模型将滤杯等萃取器具改为圆筒型。

对圆筒中的咖啡粉（已事先吸水）进行分层，模拟水从上往下倒入的情况。水会以基本恒定的速度通过咖啡粉的间隙，并在一定时间后从圆筒下方滤出。期间，成分逐渐从粉内向水中析出。这一过程不断重复，析出的成分最终汇集到筒下完成过滤的咖啡液里。这一模型的模拟结果为图表4（参考P017）。该模型的条件是"在30秒内让水通过5cm高的粉层"。如图所示，将粉分为5段，每段 1cm，则水通过每段的时间为 6 秒。本模型假设各段萃取在 6 秒基本达到平衡状态，以此考虑各段粉层成分的运动。

第 1 步：加入少量水开始萃取后，第 1 段很快达到平衡状态，成分以一定比例分布在水与粉中。

第 2 步：6 秒后，在这部分水流入第 2 段的同时，第 1 段中又流入了新的水，两段的成分活动并不相同。此时，第 1 段里第 1 步时残留在粉内的成分析出。而第 2 段中，第 1 步时第 1 段溶入水中的成分和第 2 段粉内含有的成分按照一定比例分布在水与粉中。

第 3 步及以后：6 秒后，水流入下一段，这一过程不断重复，直至通过第 5 段并最终向下滤出。

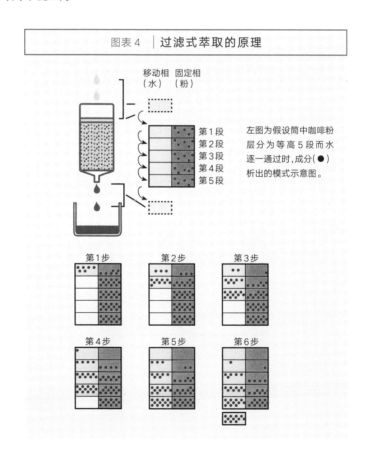

图表 4 ｜ 过滤式萃取的原理

移动相 固定相
（水） （粉）

第 1 段
第 2 段
第 3 段
第 4 段
第 5 段

左图为假设筒中咖啡粉层分为等高 5 段而水逐一通过时，成分（●）析出的模式示意图。

第 1 步　第 2 步　第 3 步

第 4 步　第 5 步　第 6 步

通过这个模型进行模拟可知，如图表5上段所示，最初滤下的咖啡液含有的成分浓度最高，在保持基本恒定的浓度萃取一段时间后，成分开始减少，最后逐渐消失。

另外，易溶于水的成分会快速析出，而不易溶于水的成分则在萃取中一直保持低浓度的持续析出。因此，萃取所得的全部咖啡液会如图表5下段所示，最初获得浓度较高的浓缩液，随着流出量的增加，咖啡液逐渐变淡，而不易溶于水的成分浓度则持续升高。

事实上，滤杯中的咖啡粉不会像图表4（参考P017）模拟的那样能够均匀地分成5层。在热水倒入的同时，咖啡粉层的形状也会不断变化，让情况变得更加复杂。但为了大致理解萃取的原理，这样的简化模型是有意义的。

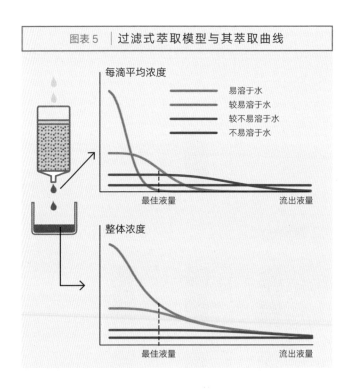

图表5 ｜ 过滤式萃取模型与其萃取曲线

萃取与味道的关系，你想萃取何种风味

市面上有许多介绍咖啡萃取的书籍。在与咖啡相关的书中，可以说有近八成都以萃取为主题。这些书里一般都会有这样的描述：浸泡式萃取"如果时间过长，容易出现杂味"，而过滤式萃取"美味成分会先行析出，之后杂味逐渐渗出"。因萃取后段容易带出杂味，很多书指出，在适当的时机完成萃取是非常重要的。通过巴赫的萃取经验，我认为上述观点的确有一定的道理。

从图表6的模型模拟中也能看到，超过一定时间点后，不易溶于水的成分会逐渐增加。由此可以推测，不易溶于水的成分中含有"难喝"的味道。

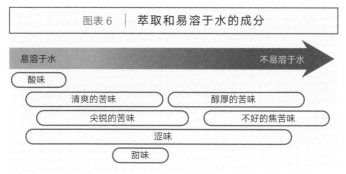

"美味成分易溶于水"这一说法不一定准确。

然而，我们感知到的咖啡风味是咖啡液中的复杂成分交织而成的。有些风味是在其他味道互相抵消后才会凸显出来。咖啡风味的代表性组成成分有酸味、清爽的苦味、醇厚的苦味、尖锐的苦味、不好的焦苦味、涩味和甜味等。上述味道的相关性将在第2章"决定咖啡味道的萃取技法"中详细解说。简而言之，不能单纯地认定"不易溶于水的成分"就是"难喝的味道"。

旦部幸博先生指出："酸味是易溶于水的成分之一，然而其中也有味道过酸的有机酸和酸涩难耐的咖啡酸等亲水性强却并不美味的成分。而不易溶于水的亲油性成分中肯定也含有'美味'的成分。只是被称为'不好的焦苦味'那

样亲油性强而苦涩的成分容易引起人的强烈厌恶，所以公认的萃取诀窍才变成了在适当的时间点结束萃取，以免这一成分析出。"

本书的目的是设定不同条件，系统地考察味道会发生何种变化，并用实际萃取加以确认。如浸泡式萃取和过滤式萃取的模拟模型所示，浸泡式萃取的风味变化较少，味道更加稳定。但从另一方面来说，这种萃取方式下控制味道的操作余地也很小。而过滤式萃取更适用于细致地控制咖啡的味道，如何萃取咖啡中的各种成分，这一过程正是过滤式萃取的最大乐趣所在。滤纸滴漏式可通过设定萃取条件，冲泡出风味变化很大的咖啡。要学会控制味道的技法，首先要掌握在指定条件下的基本萃取手法。

巴赫咖啡选用滤纸滴漏式萃取的理由

萃取原理的理论性较强，只要能理解理论并成功再现，不论是谁都能完成萃取。萃取并非只是一小部分人才会使用的魔法。首先，我们需要熟练掌握最基础的萃取手法。

很多人会觉得难事恰恰是好事，难事具有更高的价值。越是技艺纯熟的手艺人越不愿将自己的技术轻易传授给后继者。然而，我们不这样思考问题。我们所希望的，是让更多的人能感受到咖啡的美好，乐于享受一杯咖啡。这也是巴赫咖啡从 50 年前起就一直专注于滤纸滴漏式的理由。

使用滤纸滴漏式萃取，不仅萃取器具便宜，操作也更简便。只要读完简单的使用说明，谁都能自己冲泡咖啡。如果每家每户都有一件萃取器具，不仅能加速咖啡在大众中普及，也有助于烘焙豆的销售。

更妙的是不论是新手还是行家，都可以使用同一套萃取器具冲泡咖啡。尝试各种条件变量，不仅能轻松品尝到多种风味的咖啡，还能摸索着萃取出自己最喜欢的风味。

萃取完成后，只需将滤纸和咖啡粉一起丢入垃圾桶中即可。不用像法兰绒滴漏式那样需要事后清洗，也无须担心店里和家中的下水道被咖啡渣堵住。相比其他萃取器具，滤纸滴漏式的使用器具更便于养护。正因如此，滤纸滴漏式萃取能作为日常生活的乐趣之一，也更容易掌握，而且还能激发人们冲泡出更美味的咖啡的意愿。

如何成为巴赫咖啡的咖啡师

在此简单介绍巴赫咖啡店里，有资格去吧台进行萃取的咖啡师具体需要学习什么。事实上，之前的准备工作并不像大家想象得那么费时。只要能熟练完成基础萃取、掌握控制味道的技法，同时学会基本的待客之道，快的人只需半年就能去吧台工作。每个人的资质、态度、价值观以及待人接物的能力各不相同，所需要的时间也不尽相同。不过，只要能理解并掌握萃取的原理和技法，一般的店员都能在半年左右冲泡出超过巴赫咖啡基准的高品质咖啡。

最初从简单的重复性工作入手，如移动物品的位置、折滤纸这类不需要质变的工作。通过这类不论谁做能都获得相同结果的简单工作，让员工熟悉操作流程。或者说，让他们在此期间熟悉待人接物的方法。

在咖啡店，每天早班有店铺营业准备的相关工作。他们会煮好开水，为前辈冲泡咖啡等，做好必要的准备工作。做准备工作需要理解冲泡咖啡的每个步骤，并预先进行处理。

一旦能熟练完成这些工作，就能自行判断冲泡中需要注意什么，当前时间点需要做些什么才能让店内的工作顺利推进。

这时就可以逐渐增加一些需要自主判断和专业知识的工作了。即便简单地拧一块擦手巾也需要一定的用心，需要知道应该拧干到什么程度，在什么时候递过去合适。

畅游在湖面的天鹅不论在水下如何用力拨掌，总能在水面上不露声色地保持优雅。作为店里的"幕后"一员要不辞辛劳也不令客人觉察，默默地用心布置出悠闲舒适的店内空间。

最后一步是待客。一开始新手会在开店前为店里的同事冲泡咖啡。不但要请前辈店员喝，自己也要品尝其味道。在吧台工作压力比较大，必须积累大量的实战经验才能足够自信地站在吧台端出自己冲泡的咖啡。另外，如果在店内负责待客、点单，可以记住常客的选择与喜好，把握好服务时机。这样一来，客人只是路过店门口，你也能知道"那位客人去买完烟就会来喝咖啡，差不多可以开始磨豆了"。

员工去吧台工作时，应该已经能准确萃取出20多种咖啡了。而在此之前，通过准备和待客养成的用心也会有助于咖啡的萃取。面对咖啡的姿态以及对未来的希望会变成一根根支柱，稳稳地扎在每位员工心里。这些支柱会让他们在今后的吧台工作中，在每位常客的招呼声中不断地成长、壮大。

3 咖啡豆
7 滤纸
5 滤杯
4 量勺
1 手冲壶
6 下壶
2 温度计

2 滤纸滴漏式萃取的准备

本节将从萃取准备到实际萃取，整体介绍滤纸滴漏式的基本萃取方法。

在此，我主要使用巴赫咖啡里使用的器具，选用的咖啡豆为巴赫咖啡的基础风味——中深偏深烘焙的巴赫拼配豆。

滤纸滴漏式所需的器具与准备

首先，要确认滤纸滴漏式萃取会用到的几种必要工具。我们需要准备上图所示的手冲壶、温度计、量勺、滤杯、下壶和滤纸。萃取前，将烘焙得当的新鲜咖啡豆均匀地磨碎，并煮一壶开水，准备工作就完成了。

以上器具不仅能用于基本萃取，也是在控制味道、对味道进行微调时不可或缺的工具。

接下来，我将分别讲解每件器具在萃取中的作用、特点、挑选方法和正确养护的存放方法。

1 手冲壶

滴漏专用的手冲壶是一边控制温度、热水量和速度，一边萃取咖啡的重要工具。手冲壶不能直火加热，要用烧水壶把水烧开后再倒入手冲壶中。有些保温型手冲壶还能在一定程度上保持水温。

挑选手冲壶时，相比款式应优先选择手感好的产品，购买时不妨加水试倒一下。试用时，要注意确认壶的手柄拿起来是否舒适、壶嘴的形状如何以及加入热水后单手能否拿稳。有些手冲壶的壶嘴较细且上下粗细一致，这种壶嘴比较容易倒出较细的水柱，但萃取大量咖啡时就不够方便了。而壶嘴下部较粗、前端较细的手冲壶（参考 P025 照片 1-2）能自由控制倒出的水柱粗细。

2 温度计

煮开的水倒入手冲壶后温度会稍稍下降，很多人在萃取时只估摸大概的水温。但别忘了，室温和手冲壶的温度都会让倒入后的热水温度出现较大差异。如果想练习细腻的味道控制，必须要准备温度计。

巴赫咖啡的基础萃取温度为 82~83℃。为达到目标水温，要搅拌手冲壶中的热水，让上下层水温一致后再测量温度。可以为温度计配一个长柄调羹，充分调匀热水，便于让水温保持一致。也可以选用电子温度计，不过我习惯使用老式温度计。这种温度计使用熟练后更容易预判温度的变化。

3 咖啡豆

以适当烘焙度烘焙而成的新鲜咖啡豆还需磨成颗粒均匀的咖啡粉才能使用。基础萃取选用的是巴赫拼配豆，这是一款中深偏深烘焙度的咖啡豆。这一烘焙度适合中研磨度，能更好地激发咖啡豆本身的风味（P026 照片 3-1 为咖啡豆，照片 3-2 为等比大小的研磨咖啡粉）。

保存时，请直接将咖啡豆装入密封容器中。从烘焙后开始算，能在常温环境下存放两周。如果买回家后冷藏保存，需在一周内饮用完；如果分成小份冷冻保存，需在一个月内饮用完。萃取前应先让咖啡豆恢复到室温，直接使用冷的咖啡豆研磨萃取会降低水温，影响出品的风味。

4 量勺

量勺多与滤杯成套出售。一般来说，一杯咖啡所需的咖啡粉用量是量勺的一人份。不过，不同厂商的量勺形状与实际克数会有一定差异（不同滤杯的一人份所规定的克数不同）。在使用量勺前，一定要记得称量一下一勺到底是几克。

另外，在第 2 章讲到味道控制时，咖啡粉用量的细微差别会影响出品的风味。烘焙度不同的咖啡粉，在同等体积下重量也不同。浅烘焙的咖啡豆密度高，会更重，而深烘焙的咖啡豆膨胀后密度低，会稍轻一些。总而言之，在量取不同烘焙度的咖啡粉时，还是确认一下更放心。

5 滤杯

滤纸滴漏式使用的滤杯主要有梯形和锥形两种。梯形滤杯有一到三个不等的下水孔，有的适用于一次性注水，而有的则需要多次分段注水。不同厂商会做出形状不同的凹槽。这种肋骨式的凹槽正是滤杯的一大特点。一般认为，滤纸滴漏式是过滤式萃取，咖啡粉是过滤层。事实上，有些滤杯在萃取原理上更接近于浸泡式。

滤杯的材料有陶瓷、聚碳酸酯、树脂等，其中以陶瓷滤杯最为经久耐用。

本书的基本萃取选用的是巴赫咖啡与三洋产业共同开发的滤杯"三洋梯形滤杯"（参考 P026 照片 5-2、照片 5-3）。

6 下壶

下壶用来承接滴漏下的咖啡液。为了便于确认出品的色泽与液量，下壶一般选用玻璃材质。有的下壶上印有刻度，可作为萃取的参考。如果下壶没有刻度，就需要一边通过咖啡电子秤（参考 P026 照片 6-2）确认萃取量一边进行萃取了。

挑选下壶可参考滤杯的大小与平衡感，购买滤杯放得稳而方便购入的产品。另外，下壶虽不需要直火加热，但完全可以选择耐热的玻璃材质的下壶。

7　滤纸

　　滤纸一定要根据滤杯选择专用的配套产品。因为不同厂商的滤杯形状和大小存在细微的差别，不配套的话，可能会出现不够贴合的情况。通常各厂商都会依据滤杯的形状开发滤纸，选用最适合的材质和织法，以确保成功萃取咖啡的美味成分。选用与滤杯同厂商的专用滤纸是最佳选择。其他厂商的滤纸可能无法发挥出滤杯的最佳性能。

　　另外，关于滤纸的颜色，20多年前有报道称一些厂商用盐酸漂白滤纸。所以有一段时间，大众普遍认为相较于漂白滤纸，不漂白的滤纸更加环保和健康。而现在各厂商均采用氧化漂白。三洋产业透露："无漂白滤纸因为缺少一道漂白工序，为了去除纸浆味，就需要多进行一次纸浆纤维的清洗工序。不仅如此，去除杂质和机器维护都更耗费工时，成本也更高，而产品的价格自然也就更贵。"这样看来，无漂白也未必更加环保。

　　滤纸在纤维粗细和织法上十分讲究，通过对表面进行特殊加工，滤纸表面的凹凸与纤维粗细差异很大，在其他条件相同的情况下萃取，使用不同的滤纸会造成萃取速度的差异。照片7-2可能不太直观，实际触摸滤纸会发现，有的两面都能明显摸出凹凸感，有的只有单面，有的则两面都很光滑。另外，有些滤纸上会做出超小的孔洞（参考P094）。很难简单断言一款滤纸的好坏，每一款滤纸都有其适用的滤杯，还具有弥补滤杯不足之处的作用。

滤纸的表面
不同厂商的滤纸纤维粗细与织法差异很大。因为要配合滤杯控制萃取速度，建议最好使用同厂商的滤纸和滤杯。

滤纸的叠法（梯形滤杯）

① 折叠侧面的压边；

② 折叠底部压边，方向与侧面相反；

③ 用拇指和食指捏扁底部的角；

④ 同样捏扁另一侧的角；

⑤ 手指深入滤纸内部调整形状；

⑥ 配合滤杯形状放置。

8 姿势

8-1

　　注水时，为了稳定手腕，应固定手腕、手肘与侧腹的位置。左手叉腰（如果习惯用左手拿手冲壶，则右手叉腰），保持身体正面向前的姿势（照片8-1）。站立时，右脚向前一步，左脚稍稍靠后（左手拿手冲壶时，则相反）。以"の"字形画圈注水时，不要仅靠手腕去动，应将全身的重心随着手腕的动作缓缓移动。这样才能保证注入滤杯的水量和速度，以便精细地控制水量（照片8-2）。

8-2

　　滴漏时，如果器具或饮具中残留水滴会影响出品的味道。作为所有工作的基础，在清洗器具后要养成马上用干净的抹布拭干水分的习惯。用抹布的边角包裹或取拿饮具，并擦拭内部，还要避免在饮具上留下指纹。也可选用不同颜色的抹布，以区分用途。

本节详细解说滤纸滴漏式萃取的基本操作，以容易上手进行稳定萃取的两人份咖啡为例。

滤纸滴漏式的基本萃取方法

使用的器具

滤杯 THREE FOR 102
滤纸 THREE FOR 滤纸 102
三洋产业 THREE FOR 101 滤杯为单孔，102 滤杯为双孔。为控制滴滤速度，这款滤杯的肋骨较高，滤杯底部的凸起（右下侧照片为 101 款）能增强吸力。

萃取条件

咖啡粉：巴赫拼配豆
烘焙度：中深偏深烘焙
研磨度：中研磨
投粉量：两人份 24g
水温：82~83℃
萃取量：300 ml

开始萃取前

1.备齐萃取需要的器具，将放至室温的咖啡豆磨好。
2.叠好滤纸放入滤杯中，量好咖啡粉放入滤杯。
3.将水煮好，为了便于稳定注水，可以在手冲壶中加入八分满的水。在降至适合的温度前，可先往下壶和咖啡杯中倒入热水进行预热，同时还要预热壶嘴。
4.水温降至 82~83℃后，开始萃取。

水量的控制

在基础萃取中要学会控制水量。目标是能做到保持手冲壶倒出的水柱粗细稳定，并能自由调控水柱的粗细。为此，我们需要尽可能地去除不确定因素。比如，即使只需做一人份的咖啡，手冲壶中依然加入八分满的水。壶中水太少，注水时就需要增大倾斜的角度，从而造成手握位置的变化（参考 P031 图表 7-1、图表 7-2）。

热水从距离粉面 3~4cm 的高度垂直注入粉中，理想的水柱粗细为 2~3mm。开始注水时，水柱要细，动作要轻柔缓慢。在萃取的后半段，可以逐步加粗水柱（参考 P031 图表 8、图表 9）。

萃取时热水的流动过程

萃取时，热水在滤杯中是如何流动的呢？请看横截面图与俯视图（参考 P031 图表 10、图表 11）。萃取时，如果能在脑中想象热水与空气的流动过程，就能很好地理解为什么不能直接将水倒在滤纸上了（参考 P035 图表 12、图表 13）。

图表 7-1　热水量偏少时　　　　　　　　　图表 7-2　热水量为八分满时

握住手冲壶柄的位置要根据水量进行调整, 倾斜角度越小, 越有助于稳定注水。所以, 最好在手冲壶中注入八分满的热水。

图表 8　注入水柱的角度与高度　　　　　　图表 9　水柱的扭曲

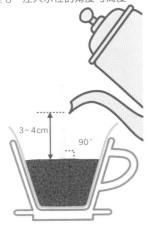

3~4cm　　90°

水柱在高于粉面 3~4cm 处以垂直于粉面的角度从手冲壶向滤杯内注入。注入滤杯的水柱因为空气的混入会发生扭曲, 所以高度控制在出现扭曲前, 尽量保持水柱的粗细均匀。

图表 10　像写"の"字那样　　　　　　　　图表 11　萃取时滤杯的横截面

为了保证过滤层的厚薄均匀, 以"の"字形画圈慢慢注水。直接向滤纸注水或冲散过滤层的边缘, 会让热水不通过咖啡粉过滤层直接漏下, 无法萃取出有效成分, 最终冲泡出的咖啡浓度很低、淡而无味。

热水注入后会呈离心状慢慢扩散开。最后开始进行"闷蒸", 让全部咖啡粉充分吸水膨胀, 形成有一定厚度的过滤层, 这样能让咖啡的成分更容易析出。

萃取的步骤　第一次注水

将咖啡粉加入滤杯中，轻轻晃动滤杯让粉面平整（不可让粉层过于紧实）。

在距离粉面3~4cm处，以稳定的细水柱像写"の"字那样轻柔地注入少量热水。操作时可想象将热水轻轻覆盖在粉面上，让热水浸湿全部咖啡粉。在这一步骤中需要注意，不要将水直接冲到滤纸上。

待全部咖啡粉都充分吸水后，粉面会高高鼓起，好像一块汉堡肉饼，这一状态叫闷蒸。

保持鼓包状态，闷蒸30秒。理想的情况下，第一次注水结束后，落入下壶的咖啡液仅有数滴，薄薄覆盖壶底。

7 第二次注水

闷蒸完成后开始第二次注水，以"の"字形画圈注水，保证热水能接触全部咖啡粉。这一步需注意，不要冲散呈汉堡肉饼状的过滤层边缘。咖啡越新鲜，冒出的泡沫就越细腻，粉面会整体向上充分膨胀。而咖啡放久了或水温偏低时会发生过滤层不膨胀反而塌陷的情况。另外，极浅烘焙的咖啡豆冒泡也会比较少。

⑩ 第三次及之后的注水

第三次及之后的注水，原则上注水的时机应在粉面中心处稍稍下陷而热水还未全部滤下时。一旦热水全部滤尽，要复原过滤层就非常困难了。一杯咖啡中绝大多数的成分会在前三次的注水中全部萃取。第三次之后的注水可视为对浓度和萃取量的调整。第四次注水时，水柱可稍粗并快速完

⑪

成。当萃取到目标萃取量，即下壶咖啡液到达300ml的刻度线时，需将尚未完全滤尽的滤杯快速挪开。

萃取要点的归纳

1.使用新鲜的咖啡豆；
2.以适当的研磨度均匀研磨；
3.保持适当的水温；
4.充分闷蒸，做好过滤层；
5.注水时避开粉面的边缘部位；
6.萃取后半段动作要快。

⑫

⑬

萃取失败的原因及需要改善的部分

　　未能很好地做到上述要点，往往会造成萃取失败。比如，咖啡豆不够新鲜，咖啡粉就不会吸水膨胀，也就无法实现充分的闷蒸；研磨得太粗，热水滴漏速度会过快，而磨得太细，咖啡粉就会堵住下水孔，导致过度萃取，使出品的味道过苦；研磨度不均，则萃取出的成分味道不一致，很难得到想要的风味。

　　关于水温，我会在第2章的水温控制部分详细介绍，成功的关键是不要随便估计，而应精确测量水温。另外，保持过滤层也非常重要。如果热水还未充分萃取就滤下，出品自然寡淡无味。在萃取的后半段，不需要的成分的浓度会逐渐上升，所以必须加快速度，尽量抑制多余成分。

闷蒸失败实例
① 塌陷

　　遇到中间部分不会膨胀反而塌陷的情况，首先能想到的原因是咖啡豆不够新鲜。采用新鲜咖啡豆时，水温过低也会引发相同的情况。在冬季室温较低时，可用热水预热滤杯并拭干水分后再使用。

闷蒸失败实例
② 蒸气喷出

　　闷蒸时，会遇到蒸气在粉面上冲出小孔使粉面开裂的情况。这是因为咖啡豆刚刚烘焙好时，二氧化碳较多、研磨度过细、微粉过多、水温过高等情况下，空气无法顺畅散出从而形成了气孔。这种现象也会使闷蒸不够充分，导致出品风味欠佳。

图表12　失败的原因

当滤纸与滤杯紧密贴合，空气无处可散，只能在粉面上冲出气孔。

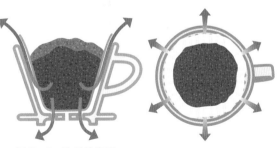

图表13　肋骨的作用

滤杯内壁的肋骨在滤纸与滤杯之间撑起了空气散出的通道。空气顺利向四面散逸，粉面完美保持汉堡肉饼状，为充分闷蒸创造条件。

第 2 章

Chapter 2

决定咖啡味道的萃取技法

自由控制六个变量

要在萃取中最大限度地展现咖啡豆的魅力，需要掌握六个变量。

这些变量如何决定味道？了解萃取的技法后，便能自由自在地控制出品的风味。

灵活运用六个变量不仅能应对不同批次咖啡豆的差异，还可以冲泡出自成一派的极致美味。

本章将详细剖析『决定咖啡味道的六个变量与其萃取技法』。

1

从咖啡中萃取出的味道成分

掌握了萃取的基本方法后，下一步尝试通过改变变量控制咖啡的味道。对基本萃取中的关键条件进行微调，就能利用萃取原理获得想要的风味。控制味道并非资历很深或技艺熟练之人的专利，只要理解每个变量的原理，任何人都能轻松上手。

第1章所介绍的巴赫咖啡的基本萃取并不是所有咖啡中的顶级美味。我们只是将各个变量自行搭配出一组设定条件，将出品味道控制为最具巴赫代表性的风味。

本章意在明确控制咖啡风味的六个变量以及各变量的相关萃取技法，分项解析每种变量会带来怎样的风味变化。利用这些变量的性质进行自由组合，就可以做出专属于自己的原创风味。

找到自己想要的味道时，只需对各项变量的条件设定进行记录，便能极大地提高风味的再现性。

咖啡中萃取出的味道成分与实际味觉

要获得自己想要的味道，首先应该了解咖啡的风味是由哪些味道组成的。如本书第1章（参考P019）中简略介绍的，咖啡风味的代表性组成部分主要有酸味、清爽的苦味、醇厚的苦味、尖锐的苦味、不好的焦苦味、涩味和甜味等。

虽然每个人对味道的偏好存在个体差异，不过大多数亚洲人更偏爱"柔和"与"鲜美"的味道。除了日本，中国、韩国、泰国等亚洲各国似乎都有相近的味觉偏好。人们常说"美国人重香气"而"亚洲人重味道"，此话不假。亚洲人对柔和顺滑口感的偏爱不仅限于咖啡，这种味觉倾向在茶饮与菜肴中也有所体现，它被称为"亚洲风味"，受到亚洲各国人们的喜爱。日式高汤与日本料理在世界上受到广泛关注，而"鲜味"也正逐步成为世界共通的美味标准。

当然，咖啡中并没有鲜味成分，"醇厚"扮演着类似于"鲜味"的角色。"醇厚"不是一种单一的味道，而是多种复杂风味和谐地交织在一起而形成的立体的味觉感受。"醇厚"是影响咖啡味道的因素之一，因此受到重视。

苦味与酸味是人本能警惕的味道

味觉主要分酸、甜、苦、咸、鲜五种。人类的舌头用不同区域来感知这些味道。而涩味与辣味则是舌头的其他部分所感觉到的"痛感"与"温度感"，从狭义上来说并不是味道。温度会影响人对味道的感知。

人出生后最初吃到的母乳与牛奶，其味道是甜、咸、鲜。因此人会产生一种概念，认为这三种味道是安全且为人体所必需的。与此相对，"酸"与"苦"则被认知为需要警惕和具有危险性的味道。

小时候吃到苦味蔬菜时之所以总会忍不住皱眉，正是因为在个人喜好形成之前，人体已经本能地将苦味认知为有害味道。而吃到酸味的柠檬与梅干时，人体会自然分泌唾液，这是为了中和口腔内偏酸的pH值。这些都是人与生俱来的自然反应。

在成长过程中，人的味觉经验不断积累。确认各种味道的安全性后，人们会进而追求新的刺激，喜欢上各种味道。而咖啡的主要味道正是人类本能最为警惕的苦味。不过，咖啡的苦味往往会带上"柔和""爽口""醇厚"等褒义形容词。事实上，平时不怎么喝咖啡的人在喝过一阵子咖啡后，有不少人会喜欢上"苦味"较重的深烘焙咖啡。

咖啡的主要苦味成分是咖啡因吗

说到咖啡的苦味，首先会联想到什么呢？回答"咖啡因"的人肯定不占少数。众所周知，咖啡因具有提神的功效，除了咖啡，茶、巧克力、瓜拉纳（巴西香可可）等植物中也含有这种成分。

咖啡因具有一定的苦味，但咖啡的苦味并非全部来源于这种成分。

"过去人们认为，咖啡的苦味主要来源于咖啡因。可是随着烘焙度的加深，咖啡越来越苦，咖啡因的含量却并没有增加。由此，人们开始对'咖啡的苦味源自咖啡因'这一观点产生怀疑。无因咖啡发明后，明确证实了去除咖啡因后，咖啡依然有足够的苦味。毫无疑问，咖啡因以外的苦味物质对咖啡的苦味有着重要影响。随着研究的深入，科学家认为，咖啡的苦味中只有大约 10%~30% 来自咖啡因。咖啡因易溶于水，具有爽口的苦味。咖啡让人神清气爽，喝了还想喝。咖啡因在这种药理性的美味中发挥了巨大的作用。"（旦部幸博）

醇厚的苦味、清爽的苦味

在形容咖啡的风味时，人们常会用到"清爽的苦味""醇厚的苦味"等词语来表达，即持续时间较短的苦味与长时间残留在口中的苦味。关于这组苦味，旦部幸博先生是这样阐述的："在喝咖啡时，入口的液体大部分会被直接咽下。但部分成分残留在感知味道的器官味蕾或口腔黏膜上，之后会被呈薄膜状覆盖黏膜的唾液带走。一般来说，咖啡的分子体积越小越易溶于水，苦味越容易快速流失。但咖啡的苦味成分在分子大小与亲水性上千差万别，有的快速消失，有的则会残留一段时间。前者就是爽口的苦味，而后者则是厚重的苦味。"

不仅是苦味成分，苦味与其他味道要素的关系也对味觉产生复杂的影响。

"比如，酸味不仅最易溶于水、最容易被唾液带走，它还具有刺激唾液分泌以平衡口腔内酸碱环境的作用。因此，酸味会加快整体味道的消退速度。从结果来说，酸味成分不仅本身消失得快，还会加速其他成分的消失。酸味成分较多会让人觉得味道清爽。而涩味成分会与口腔内的蛋白质结合，残留性较强。油脂成分也会混着各种高亲油性（低亲水性）成分长时间停留在口腔内，减缓部分味道成分的消失。"（旦部幸博）

像这样，各种味道所具有的复杂关系，为咖啡的风味，准确来说是为"味觉的感知方式"带来变化。

亚洲人偏爱的"柔和"口感到底是什么

那么，亚洲人格外看重的"柔和"或"柔顺"的口感又是怎么一回事呢？咖啡是液体，且并不黏稠。

"当口中的味觉成分缓慢消失时，我们会有超过实际液体稠度的黏稠感。多种苦味的缓慢消退带给人厚重、顺滑的感觉，令人联想到天鹅绒，并用'柔和'去形容这种感觉。在感知中，将不同的知觉混淆在一起被称为'通感'。这种人类的认知系统让我们从同样黏稠度的液体中感觉出了'柔和'。"（旦部幸博）

同样的，人们会觉得清爽，更进一步思考，很可能发生了这样的过程。

"清爽味道的特点是会在口腔内快速消失。不过仅此而已，至多只会觉得爽口，还不到'清爽'的程度。要让苦味尝起来'清爽'，首先需要近乎令人感到不快的较强苦味，其次这种苦味必须能快速消退。这两个必要条件缺一不可。即便是习惯咖啡苦味的人，也会对较强的苦味感到压力。当这种苦味快速消失，随之而来的压力一下子得到缓解，让人产生爽快之感。我认为这就是清爽感的真正来源。"（旦部幸博）

关于醇厚，除了味道成分长时间残留这一时间原因，"美味成分的含量与丰富度营造出的浓度感与持久感、味道成分整体的种类多样性产生的味道复杂性也十分重要"（旦部幸博）。多种味道的广度与深度是不可或缺的成因。

也就是说，冲泡咖啡的最高目标并不是只获取一种需要的味道，而是如何按一定配比萃取出多种味道，并让这些味道平衡、和谐地共存。

咖啡少不了恰到好处的酸味

深入了解咖啡的人会懂得酸味对咖啡的重要性，他们常会说"优质的咖啡有着恰到好处的酸味"。酸味是咖啡中仅次于苦味的重要组成味道。不过，很多普通消费者和不习惯喝咖啡的人往往对咖啡中的酸味无法接受。为什么人们会产生这样的误解呢？

首先，不喜欢酸味的人联想到的大多是变质咖啡的酸败味。一般来说，在烘焙的过程中，浅烘焙到中烘焙的咖啡豆酸味最为突出。进入深烘焙后，酸味逐渐消失，苦味逐渐增强。一般的咖啡在烘焙萃取后，基本不会出现令人不快的酸味。

然而，长时间放在电热炉上保温的咖啡、用烘焙后存放状况不佳的受潮咖啡豆或存放过久的变质咖啡豆制作出的咖啡则会有令人厌恶的酸腐味。这些坏味道的根源是咖啡豆保存不善，与正常咖啡的酸味相差甚远。咖啡在生豆阶段几乎尝不到酸味。在烘焙中，生豆中所含的蔗糖分解，有机酸含量增加。从浅烘焙到中烘焙阶段，酸味逐渐增强。旦部幸博先生指出，咖啡中的有机酸与水果中所含的有机酸成分相同。

"咖啡生豆所含的酸味物质，除了生豆阶段就含有的绿原酸、柠檬酸和苹果酸，还有烘焙过程中产生的奎宁酸、咖啡酸和醋酸。除此之外，还有脂肪酸类和磷酸等。除了涩味较强的咖啡酸和绿原酸，其他酸味物质大多是我们熟悉的水果中的酸味物质。苹果酸，顾名思义，具有近似成熟苹果那样清爽收敛的酸味。柠檬酸有着柑橘类水果的酸味。醋酸是食用醋的主要成分。这些酸味物质在低浓度下尝起来具有柔和的酸味，很多水果中都含有这些成分。比如奇异果中就含有大量的奎宁酸和柠檬酸。"（旦部幸博）

咖啡中能尝到的酸味，主要以柠檬酸和醋酸为主，再加上生豆中含有的多种酸味物质，形成了风味复杂的酸味。另外，温度降低后，对苦味和甜味的感知会变得迟钝，而对酸味的感觉则变得更加敏锐。所以在萃取完成后，随着时间的推移，人们常会觉得同一杯咖啡变得越来越酸。

上述这几种味道给人带来的浓度感就是所谓的醇厚度，或者说体脂感，让咖啡的味道尝起来更加厚重、丰富。

"醇厚"的决定因素是味道的复杂性和持久度。旦部幸博先生这样分析"醇厚"："如果一开始只尝出一种味道，大脑就会认定并做出预测，认为就是单一味道。但如果紧接着又尝出了其他味道，大脑会因不符合预测而感到惊讶。当食物中含有多种味道时，各种成分随着唾液在口腔内流动，我们对味道的感知也会随之不断发生变化，这会使我们觉得味道既丰富又立体。我认为，这可能就是大家判定一杯咖啡醇厚的原理。也就是说，醇厚不仅需要味道成分复杂多样，味道的持久度与对味道的感知时间也有关系。我们必须思考，面对复杂的成分，我们的大脑是如何认知相关信息的。"

不存在的甜味成分，咖啡的甜感是什么

在评价咖啡的味道时，人们常会使用"风味"一词。将咖啡液含入口中，冲入鼻腔的香气与口中的味道综合在一起，总称"风味"。风味又叫"香味"，即"香（Aroma）+ 味（Taste）"。风味中的香气指的是从口腔进入鼻腔的鼻后香。相较于直接通过鼻子闻到的气味，咖啡的鼻后香要馥郁得多。

优质咖啡会有一股淡淡的甜香，很多人会用"回甘"一词来形容。我也常听客人说"喜欢带甜味的咖啡"。实际上到萃取这一步时，咖啡豆已几乎不含甜味成分了。对此，旦部幸博先生是这样解释的："原本生豆中的蔗糖含量就很低，浅烘焙阶段已基本全部受热分解。烘焙结束时，甜味成分的浓度不足以让人尝到甜味，而咖啡中并没有蔗糖以外的甜味成分。因此，咖啡的甜味是否真实存在，不禁令人怀疑。"

事实上在喝咖啡时，浅烘焙到中烘焙的咖啡豆会有类似粗砂糖（棉花糖）的甜香味，还有着香料味的焦糖与枫糖浆的甜香味。不仅是香味，喝咖啡时确实能尝到这些甜味。

关于这一现象，旦部幸博先生认为可以用解释柔和风味时提到的"通感"来说明："咖啡中含有一种被称为'呋喃酮'的香味物质。我推测，咖啡的甜感是这一香味物质所带来的风味。这些香味物质是糖类加热后会产生的成分，还被用作食用香精。混到水里含入口中，会感觉到甜味。但捏住鼻子后，口中的甜味会消失。透入鼻腔，充满甜香的鼻后香引发了通感。这种综合性的风味体验让人尝到了甜味。"

咖啡中甜味成分的真面目虽然尚未明确，但如果确如旦部幸博先生所言，

是通过香味感觉到的甜味，那么温度变化或萃取后放置时间过长会让咖啡的甜感变淡，酸味增强也就不难理解了。

萃取时冒出的泡沫是咖啡的杂味之源

咖啡中不仅有层次丰富的苦味、酸味和甜味，还有涩味。一般认为，咖啡中的涩味是一种负面味道。在日本，柿子单宁和茶叶中所含的单宁酸是大家比较熟悉的涩味成分。且部幸博先生指出："涩味与苦味共存时会产生相乘效果，放大两者的味道。"

咖啡中的涩味是一种杂味，可以将其看作是杂质的代表成分。

咖啡的杂质容易聚集在泡沫中。尝试舔一口咖啡泡沫，会尝到不好的涩味。在滴漏萃取时，一般会在泡沫滤下前撤走下壶，这也是为了不让杂质落入咖啡萃取液中。

不过，人们也会说意式浓缩咖啡的泡沫是美味之源，所以不能一概而论地全盘否定泡沫。这其中的门道在于"脂质"和"烘焙度"。

咖啡豆中含有少量"脂质（油脂）"。长时间存放的烘焙豆表面会浮出油脂，闪闪发亮，这就是咖啡中的"脂质"。

"深烘焙豆含有大量具有表面活性作用的成分。意式浓缩咖啡的泡沫中充满空气，口感轻盈，味同奶油。表面活性成分大量聚集，让泡沫十分稳定。另外，制作意式咖啡时会萃取出较多油脂，涩味成分也汇聚在泡沫中。油脂有助于让咖啡的味道与香气更久地停留在舌尖。"（且部幸博）

为了减少恼人的涩味，人们还会在意式咖啡中加入奶油或牛奶。

"涩味成分会与奶油等乳制品中含有的干酪素等乳蛋白相结合"（且部幸博），所以加入奶油后，会感到咖啡的涩味减弱。在苦味较重的意式浓缩咖啡中加入打发成奶泡的牛奶做成的拿铁咖啡，苦味得到抑制，喝起来也会香滑柔和，格外顺口。

2

决定咖啡味道的六个变量

本节将逐一解说控制咖啡味道的六个变量。

在六个变量中，除烘焙度外，其他五项（咖啡豆的研磨度与投粉量、水温、萃取时间与萃取量）均与萃取过程息息相关。

萃取时，需对各种条件进行细微的调整。有的条件只需精确测定就能确保，而有的条件则很难稳定保持在我们需要的状态。咖啡粉的投粉量、水温与萃取量只需确定数值就很容易再现，而咖啡豆的研磨度则受咖啡磨的影响。手冲咖啡中最难控制的是萃取时间。注水的节奏与速度都会影响萃取时间。

控制咖啡味道的六个变量

a 烘焙度

b 研磨度

c 投粉量

d 水温

e 萃取时间

f 萃取量

另外，为了控制味道，还要尽可能地排除其他会造成味道不稳定的因素。

在基础萃取中，反复强调绝对不可或缺的条件是使用新鲜烘焙的咖啡豆。烘焙后存放超过两周、存放环境不佳、品质不佳或临期的咖啡豆吸收热水的能力差，必须用90℃以上的热水冲泡才能激发出味道与香气。

而滤纸受纸制品的性质所限，容易吸收周围的潮气。开封后的滤纸不要随便放入抽屉或柜子中，最好放入密封容器中保存。香气是影响风味的重要因素，一定要注意滤纸的存放，不要使用陈年滤纸。

使用后的滤杯、下壶等器具应马上用中性洗涤剂清洗，并用抹布拭干水分。注意保持器具的清洁，不要让咖啡的涩味成分残留在上面。咖啡磨要定期清理，残留在咖啡磨里的微粉在变质后会大大损害咖啡的风味。保持器具的清洁，准备中和使用后小心清洗并勤加养护是做出一杯好咖啡的大前提。

a 烘焙度

烘焙度对咖啡风味的影响最大。可以说，烘焙度决定了咖啡风味的50%以上。烘焙中如果出现较大的失误，是很难通过萃取去弥补的。决定用什么烘焙度的咖啡豆是控制咖啡味道的起点。

正如《咖啡品鉴大全》中所述，咖啡风味的不同与其说是产地的不同，不如说是烘焙度的差异。产地的风味特征只有在相同烘焙度这一条件下比较才能成立。这从风味特征必须与烘焙度一起标识便可见一斑，如"果香四溢（中深烘焙）的哥伦比亚咖啡豆"。

摩卡咖啡豆的特点是酸香宜人，可如果烘焙过深则酸味尽失，苦味变重。而以苦味凸显个性的曼特宁咖啡豆若是采用浅烘焙，则酸涩不堪。

烘焙度有多种分类方法，一般分为四到八段。

浅烘焙 **轻度烘焙、肉桂烘焙**
中烘焙 **中度烘焙、高度烘焙**
中深烘焙 **城市烘焙、深城市烘焙**
深烘焙 **法式烘焙、意式烘焙**

亲手烘焙过咖啡豆的人就会知道，这些分类法与咖啡豆"爆裂"的时间有关。所谓"爆裂"，是指咖啡豆经过加热收缩膨胀，然后爆开。"爆裂"后的咖啡豆体积增大。各烘焙度终止烘焙的时间点如下：

"轻度烘焙"为一爆前，"肉桂烘焙"为一爆期间，"中度烘焙"为一爆结束后，"高度烘焙"为咖啡豆的皱纹舒展、香味发生变化前，"城市烘焙"为二爆前，"深城市烘焙"为二爆结束时，"法式烘焙"为咖啡豆变黑但尚有褐色时，"意式烘焙"则为咖啡豆完全变黑时。

不同的咖啡豆有着各自不同的最佳烘焙度。要确定一种咖啡豆的最佳烘焙度，需要将其从生豆一直烘焙到意式，依照区分规定在各烘焙度下提取样品试味，寻找最能激发豆子个性的时间点，以决定其烘焙度。如果想自行烘焙，请一定要从头系统地学习烘焙的技术，耐心踏实地亲手尝试。

不同的烘焙师和店家，烘焙度的基准也会有细微差别。在购买烘焙豆时不妨询问卖家，充分展现生豆风味的烘焙度是怎么决定的。卖家一般会在理解生豆个性与烘焙度关系的基础上决定烘焙度，我建议在这样的卖家处购买烘焙豆。

作为参考，下页附上巴赫咖啡的烘焙度基准与区分方法（与一般的分类略有区别）。图中的咖啡豆为实物大小，色彩也尽可能地还原实物的颜色，不妨以此作为参考。巴赫咖啡豆分为浅、中、中深、深四个烘焙度。

烘焙度	浅烘焙			中烘焙
	 轻度烘焙	 肉桂烘焙	 中度烘焙	 高度烘焙
特点	烘焙度最浅，生豆的苦涩味较重。另外，这种烘焙度下几乎没有咖啡典型的香味和苦味。不适合饮用，多用于测试烘焙设备或确认咖啡豆的特点。	比轻度烘焙的烘焙度稍深，但生豆的苦涩味依然偏重，也没有出现苦味和较强的酸味。不适合饮用，多用于测试烘焙设备或确认咖啡豆的特点。	有典型的咖啡风味，香味扑鼻。具有宜人的酸味和柔和的醇厚感，味道轻盈柔顺。咖啡豆与冲泡出的咖啡颜色非常明亮。推荐咖啡新手品尝。	咖啡豆的纹路舒展、香味出现变化前的烘焙度。相较于中度烘焙，整体风味均有所增强。这种烘焙度下会呈现犹如新鲜水果般明亮的酸味与黄油、焦糖、枫糖浆和香草的香味。

味道变化

酸味

苦味

图中的咖啡豆为实物大小，色彩也尽可能地还原实物的颜色，以上就是巴赫咖啡采用的分类基准。咖啡豆的烘焙度没有严格规定，现有的基准个过是店家或烘焙厂商各自使用的区分法。	对照每种"特点"与"味道变化"的图表可知，酸味会在中烘焙时达到高峰，苦味则随着烘焙度的加深逐渐增强。苦酸平衡的变化影响着对咖啡甜味的感知。	巴赫咖啡认为，中深烘焙的苦酸平衡最佳，容易体验到甜感，所以将主打的独家拼配咖啡豆设定为这种烘焙度。	

		中深烘焙	深烘焙		
					烘焙度
	 城市烘焙	 深城市烘焙	 法式烘焙	 意式烘焙	
	有近似柑橘类水果的清爽酸味，苦味也有所增强，还有香料的香味，咖啡的整体风味更加丰富，咖啡豆的颜色也更深。	酸味与苦味的比重几乎相同，具有极佳的平衡感。咖啡的风味最丰富，豆子的颜色也显著加深。烘焙豆放置一段时间后表面会出油。巴赫拼配采用的就是这种烘焙度。	尚留有一些酸味，但苦味的比重大大增加，呈现醇厚、浓郁的风味。咖啡豆颜色较深，但还有一些褐色，黑巧香气突显。多用于花式咖啡。	褐色几乎完全消失，咖啡豆基本呈黑色。通过充分的烘焙后，香味、苦味增加，几乎尝不出任何酸味。顺滑爽口，多用于花式咖啡。	特点

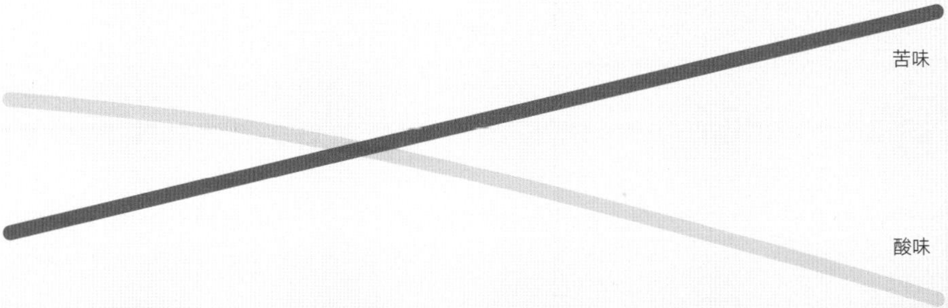

味道变化

苦味

酸味

不同种类的咖啡豆所适合和不适合的烘焙度各不相同。在《咖啡品鉴大全》一书中，我将咖啡豆分成四个大类，并将每类咖啡豆适用的烘焙度整理成下表，该表可作为大概的基准，通过尝试表中烘焙度与其前后相邻的烘焙度，更快锁定最适合的烘焙度。

A、B、C、D四种类型咖啡豆的特点

A：含水量较少，整体颜色偏白，成熟度很高。豆子颗粒大小不一，但大多偏平而肉质较薄。豆子表面的凹凸很少，摸起来比较光滑。这类咖啡豆一般产自低海拔到中海拔的产地，酸味弱，香气平淡。容易受热，即便做成浅烘焙或中烘焙，也不会出现过酸的味道。深烘焙后，风味单调无趣。比较适合浅烘焙和中烘焙。

B：非常好用的类型。表面有少量凹凸感，看起来有些干枯。一般产自低海拔到中高海拔的产地，浅烘焙、中烘焙、中深烘焙都适用。也可做成深烘焙，冲泡出的咖啡非常顺口，适合新手饮用。浅烘焙时容易出现涩味，需要注意。

C：多为中高海拔产地的咖啡豆。肉质厚实，表面凹凸较少。使用范围很广，可与B类和D类豆子

图表 15 | 四种类型的咖啡豆与烘焙度

类型 / 烘焙度	A	B	C	D
浅烘焙	◎	○	△	×
中烘焙	○	◎	○	△
中深烘焙	△	○	◎	○
深烘焙	×	△	○	◎

左表说明的是将咖啡豆根据不同特点分成 A、B、C、D 四类时，在哪种烘焙度下各自所具有的特点能最大限度地展现。◎为通常情况下适合的烘焙度，○为适合，△为勉强适合，×为不适合

互补。最适合做成能集中体现咖啡香气的中深烘焙。这个类型的咖啡豆不仅香气宜人，还有复杂精妙且洗练干净的味道。

D：高海拔产地的咖啡豆。颗粒大，肉头厚，肉质硬，表面有凹凸。不易受热，酸味突出。适合中深到深烘焙，喜欢烟熏风味的人不妨一试。做成深烘焙余韵略显单调，但能品尝到A、B等类型所不具有的浓郁感。

烘焙度引起的味道变化

了解烘焙度可知，为了做出想要的味道，需要把握是否采用了各款咖啡豆适用的烘焙度，并确认咖啡豆在各烘焙度下的风味呈现。反过来说，从充分掌握烘焙知识的可靠卖家那里购得的烘焙豆，能够冲泡出对应烘焙度所具有的风味。只要了解图表14（参考P048~049）所展示的"咖啡烘焙度与味道变化"之间的关系，就能构建一个大概的风味概念。

浅烘焙的注意点

对烘焙度的偏好一般会随着潮流变化而不断变化，而新店往往会主营当前流行的风味。现如今，第三次咖啡浪潮系的店家最瞩目的是浅烘焙豆。

浅烘焙的咖啡豆几乎尝不出苦味，酸味成为风味的主角。但要通过烘焙恰当地展现咖啡豆所具有的酸味并非易事。烘焙时间短，咖啡豆最中心的部分不受热，有时出品的酸味类似胃灼热反酸时的那股味道。这样的味道显然无法划入"美味咖啡"的好球区。

另外，就算烘焙得当，浅烘焙豆在萃取时也需格外留心。浅烘焙豆密度大，容易下沉，萃取速度需要慢一些。有段时间在咖啡萃取比赛中，遇到沉淀滤下不畅的情况，有的选手会采用搅拌这样的歪招帮助下水。即虽然用了滤杯，可萃取方式相较于过滤式萃取，反而更接近浸泡式萃取。

萃取速度过慢会带出涩味，需要尽可能地加快萃取速度。顺着这个思路，可选用较粗的研磨度，用滤下速度更快的圆锥形滤杯以较高的水温快速冲泡。这样一来，就能在多余的涩味析出前完成萃取。希望读者能通过本书学会这样的控制技法。

味道中的较大变化是酸味在浅烘焙时较强，在中烘焙阶段到达顶峰并逐渐转弱。同时，苦味从中烘焙开始逐渐增强，随着烘焙度的加深不断加重。这两种味道的平衡基本上决定了一杯咖啡的味道。

不论是购买烘焙豆还是自行烘焙，都需要理解生豆种类与烘焙度的关系并非精确对应，而是存在一个适当范围。最好的办法是在实际萃取时做杯测，在理解上述理论的基础上实际品尝确认，避免先入为主。

本书的第3章第3节，会介绍巴赫咖啡如何对萃取的咖啡进行杯测，并附有简单的评价表。不妨亲自尝试杯测，切身体验烘焙度对咖啡风味的影响。对实际尝到的味道进行记录和比较，一定会有新的心得与发现。

b 研磨度

在序章中我提到了"美味咖啡"，即好咖啡的四个条件，其中最后一项为"现磨现冲的咖啡"。

原则上，我们应该直接保存咖啡豆，临萃取前再现磨豆。这是为了保证咖啡的鲜度，咖啡粉不新鲜，萃取时就不会充分膨胀。咖啡豆磨成粉后，表面积增加，二氧化碳散发的速度随之大幅加快，香味也流失了。

磨豆时会用到咖啡磨。而磨豆并非单纯地把豆子磨碎即可。咖啡粉的研磨度（颗粒大小）是影响萃取成分的重要因素之一。

研磨度越细，咖啡粉的表面积越大，萃取出的咖啡成分也就越多。这样一来，咖啡液的浓度就会增加，苦味也会变重。而研磨度较粗时，咖啡粉的表面积相对减小，萃取出的咖啡成分也越少。咖啡液的浓度降低，苦味随之减轻。苦味一旦减弱，酸味便会凸显出来。

另外，研磨对后续的条件——萃取时间也会产生影响。研磨度越细，在其他条件均相同的情况下，萃取时间相对会更长。不难想象，水在滤过粗研磨咖啡粉和细研磨咖啡粉时，后者会花费更多的时间。萃取时间变长，成分浓度随之整体上升，原本不希望析出的成分就有可能进入萃取液中。

因此，研磨咖啡豆时，最关键的要点主要有四个：

1.出粉粗细均匀

2.减少微粉

3.避免发热

4.根据萃取方法选择适当的研磨度

真正的萃取工作其实是从研磨咖啡豆开始的。虽说原则上应做到现磨，但如果现磨颗粒不均，就会产生大量微粉，那还不如在购买咖啡豆时就请卖家用商用咖啡磨磨好，然后尽快喝完。

接下来我会一一解说每个要点，希望读者能充分理解并掌握这部分内容。

1.出粉粗细均匀

研磨而成的咖啡粉若是粗细不一，即便在后续的萃取中对水温进行控制，也很难保证只萃取到自己想要的成分，且咖啡的风味与浓度也会出现不均。所以，在选购咖啡磨时，最重要的就是看其出粉是否均匀。

咖啡磨根据其研磨部分的构造，大致可分为桨叶式咖啡磨、旋转齿轮刀咖啡磨（平面刀片式和锥形刀片式）和轧辊式咖啡磨（参考P056图表18）。其中，家用的电动桨叶式研磨机最为常见，价格也很便宜，但大多数产品无法在研磨过程中让达到指定大小的咖啡颗粒直接落下，容易产生大量微粉，并且出粉不均匀。

家用的手摇式咖啡磨多为旋转齿轮刀咖啡磨，只要维护得当，性能相当优秀。而轧辊式咖啡磨的出粉均匀度非常高，但价格很贵，一般用于大型企业的烘焙工厂。

商用咖啡磨的刀刃材质大多坚固耐用，去除微粉时应注意定期对刀刃进行维护，发现研磨不均匀后要及时查看刀刃情况，刀片出现磨损时则需要及时更换或磨锋利。

细研磨（4.0）　　　　　　中研磨（5.5）　　　　　　粗研磨（7.5）

照片展示的是巴赫咖啡采用的商用咖啡磨（Ditting 公司生产的 KR804 咖啡磨）磨出的细研磨、中研磨、粗研磨的实物尺寸。每个厂商在咖啡磨上标识的刻度存在细微差别，需要分别确认各刻度磨出的实际颗粒大小。

图表16 ｜ 商用咖啡磨的出粉粒径分布

研磨度	咖啡磨刻度	粒径分布（%）								
细研磨	4.0	2.3	1.1	2.7	5.7	14.5	24.5	27.3	14.9	7.1
中研磨	5.5	8.6	3.2	6.2	10.2	16.3	17.3	15.3	10.1	12.7
粗研磨	7.5	8.3	9.4	9.5	12.0	14.5	14.6	13.4	7.8	10.6

0　　　　　　0.5　　　　　　1.0　　　　2.0 粒径（mm）

　　　虽说可以均匀出粉，其实仔细分辨就会发现，咖啡粉的颗粒大小必定会存在一定程度的差异。各粉的颗粒直径（粒径）分布如右图所示，呈山形。

　　　在这一图表中，山峰越高、越尖锐，表示颗粒大小越均匀。细研磨和中研磨时，性能优异的商用咖啡磨磨出的咖啡粉粒径分布曲线山峰很高，两侧区间基本左右对称分布（因咖啡磨的构造原因，研磨度越粗，分布的峰值就越向右偏移）。微粉较多时，峰值向 0.5mm 以下区域偏移，分布也不再对称。

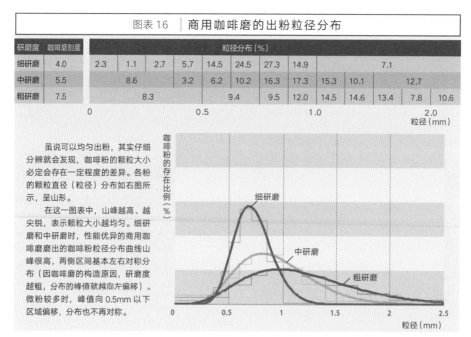

※ 使用 Ditting 公司生产的 KR804 咖啡磨

2. 减少微粉

微粉是不成颗粒的极小碎屑，一般在研磨时会不可避免地产生。微粉会给咖啡的风味带来负面影响，萃取出令人不快的苦味和涩味。因此，要注意尽可能地去除微粉。

不仅如此，微粉会附着在咖啡磨内部。不论用多新鲜的咖啡豆，如果咖啡磨内部附有不知什么时候沾上的变质微粉，使用新鲜烘焙的现磨咖啡豆也将毫无意义。

为了减少微粉，应选用微粉率低的高性能咖啡磨，并在每次使用后清理微粉。如果磨出的咖啡粉中混有较多微粉，还可在研磨后用茶滤等工具过筛，以保证咖啡粉颗粒均匀。

混有微粉的咖啡粉在过滤中也容易发生问题。过多的微粉会阻塞滤纸，让滤下速度变慢，延长萃取时间，从而难以分离杂味。

而且微粉还会填满滤纸纤维之间及咖啡颗粒之间的间隙，增加滤下不畅的风险。就如堆砌石墙的大石块之间的碎石那样，微粉会以相同的原理填满咖啡粉与滤纸纤维之间的间隙（图表17）。

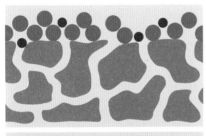
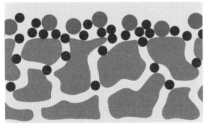

图表17　滤纸横截面的放大示意图

3. 避免发热

这里所指的发热，是指研磨粉碎时的摩擦生热。粉碎时产生过多热量会对咖啡的味道与香气造成极大的影响。家用咖啡磨只需短时间少量磨豆，一般无须担心这一问题。但大工厂或自行烘焙的店家会长时间运作咖啡磨，就可能会产生发热的问题。可以适当安排间隙，调整作业时间。

（上）微粉较少时／热水的通道很宽，滤下顺畅。
（下）微粉较多时／微粉阻塞热水通道，容易引发滤下不畅。
※ 大大小小的圆圈表示咖啡粉颗粒。

轧辊式咖啡磨

出粉均匀，发热较少，能长时间磨豆。大多采用坚固耐用的材料，价格很高，主要为工业用。

旋转齿轮刀(左)
平面刀片咖啡磨(右)

家用和商用的电动咖啡磨多采用这种刀刃。通过调节磨盘之间的间隙决定出粉的颗粒大小。磨盘有不锈钢、陶瓷等多种材质。不同产品之间的价格差异较大。

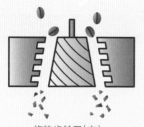

旋转齿轮刀(左)
锥形刀片咖啡磨(右)

手摇式咖啡磨大多是这个类型。通过旋转螺丝，能非常细致地调节研磨度。手摇式咖啡磨无法磨出极细颗粒，不过很多意式咖啡粉专用的电动咖啡磨也会采用这种刀头。

电动桨叶式研磨机

通过两枚刀片旋转研磨，是家用咖啡磨中最便宜最容易买到的类型。但出粉不均匀，产生的微粉也会比较多。

咖啡磨的选购方法

咖啡磨种类繁多，从家用到商用，其价格差距非常大。从几百元的家用简易研磨机，到几千上万元的商用咖啡磨，涉及的产品可谓五花八门。理想的咖啡磨需要满足上文提到的几项要点。商用咖啡磨经过大量测试，选用的材质坚固而不易发热。不仅如此，有些产品还能在磨豆的过程中用真空的方式吸去难免产生的微粉。如果想成为职业咖啡师，希望你能确定上图中各类型产品的磨豆原理，了解相关器具的详细性能，尽可能地选用更精密的咖啡磨。

4.根据萃取方法选择适当的研磨度

通过上文介绍的技法，我们不难发现萃取器具与适用的研磨度息息相关。

比如，意式浓缩咖啡选用深烘焙的咖啡豆以细研磨度来磨豆，再用意式咖啡机短时间的少量萃取，最终做出苦味厚重的咖啡。如果用同样的咖啡粉进行滤纸滴漏式萃取时，咖啡粉会堵住滤纸，注入的热水也无法滤下，从而导致萃取时间过长而失去控制，造成过度萃取。可如果选用超粗的研磨度，热水会在充分萃取出美味成分前就过快滤下滴入下壶中。滤纸滴漏式中，通常最为适用的研磨度是中或中粗研磨。

综上，各种萃取器具都有其适用的研磨度。通过研磨度控制味道时，应充分考虑到这些因素，保持烘焙度、投粉量和研磨度等变量的平衡，进行微调。

根据萃取方法来考虑研磨度，一般按以下对应关系进行研磨萃取操作，可在此基础上再进行细微调整。

细研磨：土耳其咖啡壶（微粉末）、摩卡壶（细研磨）、意式咖啡机（超细研磨）

中研磨：滤纸滴漏式、法兰绒滴漏式、虹吸式

粗研磨：冷萃（超粗研磨）、煮咖啡壶（极粗研磨）

其中，土耳其咖啡壶是制作土耳其咖啡的专用器具。它的造型类似带长柄的汤勺。用的时候在壶中加入咖啡粉、水和砂糖，直火煮制，是一种采用煮取法的萃取器具。

土耳其咖啡和意式浓缩咖啡选用深烘焙豆还有一个原因，咖啡豆的烘焙度越深就越脆，更容易磨成极细的小颗粒。

不同国家的咖啡专用咖啡磨有不同的特点。意大利人偏爱意式浓缩咖啡，咖啡磨主要适用于研磨松脆易磨的深烘焙豆，有的意大利咖啡磨在磨坚硬的浅烘焙豆时甚至会造成损坏。在日本，咖啡师能够熟练运用各种烘焙度与研磨度的咖啡豆，这种做法在世界范围内其实属于少数。

在要点 1~4 的基础上，我将研磨度如何影响味道分别整理成了图表 19、图表 20 和图表 21。

研磨度越细，咖啡粉的表面积就越大，含有味道成分的油层就会越容易直接接触热水。因此，表面相较于中心部分会先行析出大量成分，使苦味明显增强。研磨度变细后，不仅咖啡液整体的浓度升高，味觉天平也会向苦味倾斜。

在六个变量中，能有效改变苦酸平衡的变量是烘焙度、研磨度、水温。当然，不论研磨度和水温如何变化，如果烘焙阶段就缺少苦味和酸味的成分，那么调整变量将毫无意义。想在萃取阶段调整同一种咖啡豆的风味平衡，就必须掌握研磨度的调整原理。

	图表 19 研磨度与各要素的关系	
研磨度	细研磨	粗研磨
表面积	大	小
萃取成分	多	少
浓度	浓	淡
味道	苦味	酸味

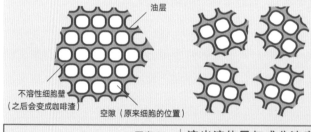

图表 20 | 粗研磨与细研磨的咖啡粉构造

油层

不溶性细胞壁（之后会变成咖啡渣）

空隙（原来细胞的位置）

相比粗研磨（左），细研磨（右）的表面积更大，含有味道成分的油层更容易直接接触热水，从油层析出的成分也会大大增加。

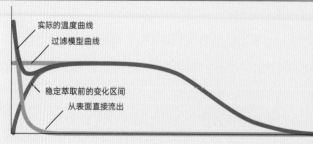

图表 21 | 流出液体量与成分浓度

实际的温度曲线

过滤模型曲线

稳定萃取前的变化区间

从表面直接流出

在实际的萃取中，初期阶段（第一次注入至第二次注水初期）咖啡粉表面的成分率先直接流出，而后咖啡粉内部的成分按照过滤式萃取模型（参考 P071 图表 26）析出。这一初期阶段的动态也会因闷蒸时间和温度的不同而发生变化。

b｜研磨度与咖啡味道的变化

以巴赫拼配的基础萃取为标准,使用三种不同研磨度的咖啡粉。
按照巴赫咖啡的标准进行杯测,分别确认每种咖啡的味道变化。

标准萃取条件

● 咖啡粉——巴赫拼配

(a) 烘焙度⋯⋯⋯⋯⋯ 中深偏深烘焙

(c) 投粉量⋯⋯⋯⋯⋯ 两人份24g

(d) 水温⋯⋯⋯⋯⋯⋯ 83℃

(e) 萃取时间⋯⋯⋯⋯ 3分30秒

(f) 萃取量⋯⋯⋯⋯⋯ 300ml

━━━ 研磨度A 细研磨 咖啡磨刻度3.5
⋯⋯⋯ 研磨度B 中研磨 咖啡磨刻度5.5
━━━ 研磨度C 粗研磨 咖啡磨刻度7.5

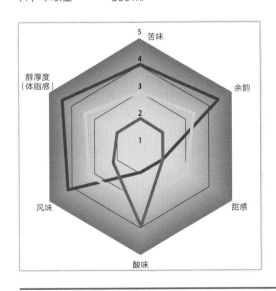

在各自条件下进行杯测,并分5段评价。

如果太接近1,可向促进萃取方向(=温度↑、时间↑、投粉量↑、研磨度↓等)作调整;如果太接近5,则可向抑制萃取的方向(=温度↓、时间↓、投粉量↓、研磨度↑等)稍作调整。

改变萃取条件时的印象笔记

风味	三种咖啡均风味十足。 3.5(细研磨)的稍显过强。
苦味·酸味	酸味与苦味的平衡感最好的为5.5(中研磨)。 7.5(粗研磨)时酸味偏强。 3.5(细研磨)因苦味较强,感觉酸味偏弱。
醇厚度(体脂感) 余韵	均在3.5(细研磨)时感觉最为浓郁。
甜感	苦酸平衡感良好的5.5(中研磨)时,尝到类似焦糖的味道, 喝起来有强烈的甜感。

c 投粉量

咖啡粉的分量一般是如何计算的呢？很多滤杯都会附带量勺，但量勺也没有统一的规格。不同厂商的量勺大小不一，其中不乏内壁带刻度线的量勺，还有些量勺带有克数标记。一般来说，一平勺咖啡粉为一人份的用量。初次使用时，可先用与滤杯配套的量勺，按照厂商推荐的萃取方法确定基准投粉量。

量勺一般用于量取咖啡粉的分量。如果想当然地认为一勺咖啡粉与一勺咖啡豆重量相同，那就大错特错了。想象一下用同一个量勺量取一勺粉和一勺豆的情景，不难发现，咖啡豆之间存在空隙，所以用同一个量勺量取时，一勺粉会比一勺豆更重。

通常一杯咖啡大约需要10g咖啡粉。只要有1g偏差，就相差10%；有2g偏差，就会相差20%。这样的偏差对味道有着巨大影响，要想精准地控制味道，就必须以1g为单位进行量取。

另外，不同的烘焙度下咖啡豆的体积变化不同。烘焙度较浅的豆子密度高而体积小。用量勺量取一平勺时，其重量会比其他的咖啡豆更重。而烘焙度加深后，豆子的体积膨胀密度降低，量取一平勺咖啡豆时重量也会更轻一些。所以不能过分依赖量勺，还是要用咖啡秤准确进行量取。

不同的滤杯与萃取器具所需要的适宜投粉量各不相同。在第3章中，我列举了不同的萃取器具，大家可先根据左侧的图表22确认各滤杯厂商的推荐投粉量与萃取量的关系。

图表22	咖啡的投粉量与萃取量			
类型 烘焙度	三洋产业 THREE FOR	哈里欧 (HARIO) V60	卡莉塔 波浪 (Kalita Wave) 系列	美乐家 (Melitta)
咖啡的投粉量	24 g	24 g	24 g	16 g
萃取量	300 ml	240 ml	300 ml	250 ml

c | 投粉量与咖啡味道的变化

以巴赫拼配的基础萃取为标准,使用三种不同投粉量的咖啡粉。
按照巴赫咖啡的标准进行杯测,分别确认每一种咖啡的味道变化。

标准萃取条件

● 咖啡粉——巴赫拼配

（a）烘焙度·············· 中深偏深烘焙
（b）研磨度·············· 中研磨
（d）水温················· 83℃
（e）萃取时间········· 3分30秒
（f）萃取量·············· 300ml

—— 投粉量A 18g(偏少)
⋯⋯ 投粉量B 22g
—— 投粉量C 26g(偏多)

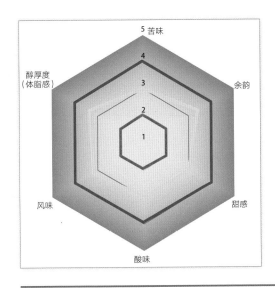

在各自条件下进行杯测,并分5段评价。

如果太接近1,可向促进萃取方向(=温度↑、时间↑、投粉量↑、研磨度↓等)作调整；如果太接近5,则可向抑制萃取的方向(=温度↓、时间↓、投粉量↓、研磨度↑等)稍作调整。

改变萃取条件时的印象笔记

风味 ⎫
醇厚度（体脂感）⎭　　投粉量增加后（26g）,风味与醇厚均会增强,但并不相冲。没有杂味,只是味道更加浓郁。

整体　　　　　各种味道平衡感良好,味道浓度呈等比增强。
　　　　　　　投粉量与技法无关,可精确测量,比较容易控制。

d 水温

　　萃取时的水温会对咖啡的味道造成决定性的影响。毫无疑问，要精确把握水温，必须使用温度计。而且，确保测量准确的大前提和要点是手冲壶中的热水整体温度均匀。

　　将煮开的水倒入手冲壶时，若将温度计一插到底随便放在壶中，是不可能测量到准确水温的。壶底接触温度计，可能会测出壶底的温度。只将温度计放入壶的上部，热水会顺着气流上升，壶内上部温度更高，下部温度则相对较低，也无法准确测量。应该使用长柄汤勺与温度计一起插入手冲壶中充分搅拌热水，待整体温度均匀后在中间位置进行测量。

　　接下来详细讲解水温与味道的关系，基本规律为以下两点：

　　1.温度高则味道成分的萃取量增加；

　　2.温度高苦味增强，温度低苦味不明显（酸味凸显）。

　　先看第一点，"温度高则味道成分的萃取量增加"。在欧美国家，大家毫不犹豫地选择用高温热水尽可能高效地萃取咖啡的成分。用偏低的温度和稍长的时间慢慢萃取是日本独创的手法。

　　其次，由第二点可知，水温极大程度地左右着苦酸的平衡度。水温高时虽然成分萃取量增加，但苦涩味相对也会析出更多，容易偏苦。而水温过低则会阻碍苦味的释放，酸味就会凸显出来，造成苦酸平衡不佳。因此，请根据咖啡豆的品相调整适宜的水温。

　　巴赫咖啡使用与三洋产业共同开发的THREE FOR滤杯进行滤纸滴漏式，一般以82~83℃作为对应各种烘焙度的基础温度。能巧妙激发美味的适宜水温与使用何种萃取器具以及什么烘焙度的咖啡豆也紧密相关。

　　其实巴赫咖啡最开始尝试自行烘焙时，也就是40年前，大多采用87~88℃的水温进行萃取。之后，烘焙机从直火式换成了半热风式，再后来换成了新型机器，烘焙豆的品相越来越好。因为更换了烘焙机，豆子烘焙好后膨胀得更大，按照以往的研磨度磨豆后，研磨出的咖啡粉相当于调细了研磨度。因此，味道成分比以

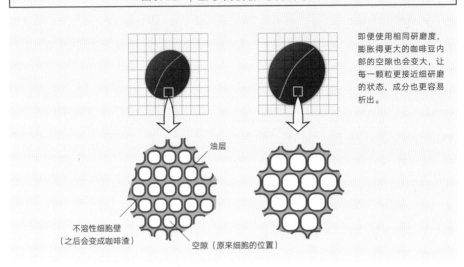

图表23 | 豆子的膨胀与内部状态

即便使用相同研磨度，膨胀得更大的咖啡豆内部的空隙也会变大，让每一颗粒更接近细研磨的状态，成分也更容易析出。

油层

不溶性细胞壁
（之后会变成咖啡渣）

空隙（原来细胞的位置）

前更有效地被萃取出来（图表23）。

于是，在不改变条件的情况下，按照以往的设定进行萃取，会让味道过于浓郁，有些偏苦。而萃取温度与研磨度一样，都能有效调节苦酸平衡。相比之下，水温比研磨度更容易准确控制。所以，我们通过降低萃取温度，对出品的风味平衡进行了控制。除此之外，烘焙豆的新鲜度也会影响适宜水温。

比如现在使用刚烘焙好的咖啡豆，这种新鲜的烘焙豆会释放出大量的二氧化碳。如果用超过90℃的热水冲泡，咖啡粉会过度膨胀，这样就无法保证以汉堡肉饼的形状进行闷蒸，二氧化碳形成的泡沫会像火山爆发一样大量涌现，影响萃取。在使用新鲜烘焙的咖啡豆时，应选用80℃左右的偏低水温，轻柔地向咖啡粉中注水。

相反，如果用烘焙后常温存放超过两周的咖啡豆又会如何呢？像这样不够新鲜的烘焙豆需要用高温萃取。二氧化碳已散逸的咖啡豆吸水性减弱，不能很好地将热水保持在滤杯中，从而加快了萃取的速度。如果不用90℃以上的热水，不仅难以萃取出味道和香气，还容易把不想要的杂味给带出来。

水温可针对烘焙度进行细微的调整。在巴赫咖啡，我们总结出来这样的关系：

深烘焙用偏低水温（75~81℃）或适中水温（82~83℃）萃取，浅烘焙用适中水温或偏高水温（82~85℃）萃取。

同时我们认为，使用的器具、咖啡豆的新鲜度和烘焙度是水温控制中缺一不可的重要参考因素。

| 图表 24 | 滤纸滴漏式中水温与萃取的关系 |

水温	水温
A 86℃以上	水温过高。泡沫过多，膨胀过度，会让表面鼓包开裂，使闷蒸不充分。
B 84~85℃（适合浅、中烘焙度）	水温偏高。味道浓郁，苦味凸显。
C 82~83℃（适合全烘焙度）	适宜温度。风味均衡。
D 75~81℃（适合深烘焙度）	水温偏低。苦味受到抑制，平衡感欠佳。
E 74℃以下	水温过低。无法完全萃取出美味成分。闷蒸也不充分。

※A~E 对应图表 25 的萃取温度下的 A~E。

| 图表 25 | 过滤式（滴漏）的味道成分萃取模型 - 萃取温度与味道的关系 |

· 成分的萃取量整体偏低。
· 浅烘焙和中烘焙豆的苦味难以体现，苦酸平衡发生变化。

· 充分体现咖啡的苦味，与酸味的平衡感也很好。

· 成分萃取量整体增加。
· 能有效体现浅烘焙和中烘焙豆的苦味。
· 苦涩味大增，容易使咖啡偏苦。
· 流出的油脂也更多了。

※ 图为同样研磨状态下的简易模拟结果。

d ｜ 水温与咖啡味道的变化

以巴赫拼配的基础萃取为标准,使用三种不同水温。
按照巴赫咖啡的标准进行杯测,分别确认每种咖啡的味道变化。

标准萃取条件

● 咖啡粉——巴赫拼配

（a）烘焙度············· 中深偏深烘焙

（b）研磨度············· 中研磨

（c）投粉量············· 两人份24g

（e）萃取时间········· 3分30秒

（f）萃取量············· 300ml

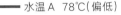
━━━ 水温A 78℃(偏低)
········ 水温B 83℃
━━━ 水温C 90℃(偏高)

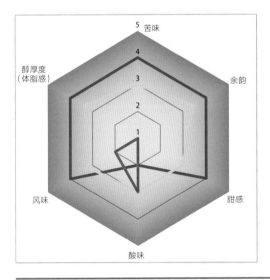

在各自条件下进行杯测,并分5段评价。

如果太接近1,可向促进萃取方向(=温度↑、时间↑、投粉量↑、研磨度↓等)作调整;如果太接近5,则可向抑制萃取的方向(=温度↓、时间↓、投粉量↓、研磨度↑等)稍作调整。

改变萃取条件时的印象笔记

醇厚度（体脂感） 余韵 甜感 苦味	均在低温（78℃）时略感模糊。 成分还未全部萃取,风味轮廓不清晰。 醇厚度在高温（90℃）时感觉比4更强一些。
酸味	在低温（78℃）时,苦味萃取不充分,味道偏酸。
整体	用低温水（78℃）在萃取自行烘焙的深烘焙豆时可能会有较好表现。

e 萃取时间

这里的"萃取时间"是指滴漏获得目标萃取量所花费的总萃取时间。在浸泡式萃取时，咖啡粉会在规定的萃取时间内全部浸泡在同一杯热水中；而在滴漏式萃取时，某一瞬间注入的热水滤过滤杯的粉层滴入下壶中，热水与咖啡粉的接触时间很短。

因而在滴漏式萃取时，萃取时间也可称为"萃取速度"。不考虑其他情况保持匀速注水时，注水时间越长，获得的萃取量就越大。当注水节奏加快，萃取速度提高，整体的萃取时间就会缩短。而注水速度放缓，整体的萃取时间就会拉长。

说起来简单，其实萃取时间（速度）是控制味道的六个变量中最不容易把握的。对萃取速度的控制，归根结底是对注水柱的控制。进行萃取操作时，人在水柱粗细、注水方式等环节的技术与习惯会很大程度地影响萃取速度，不确定的因素非常多。首先要打好扎实的基础，彻底掌握第 1 章中介绍的基础萃取

第一次注水　水柱粗约 2~3mm

控制水柱粗细与画圈速度。在后半段逐渐加快萃取速度。

第四次注水　水柱粗约 4~5mm

手法。只有做到水柱稳定后，才能考虑如何随心所欲地进行微调，自如地控制水柱粗细。

除此之外，咖啡豆的新鲜度以及上文中分析过的烘焙度、研磨度、投粉量、水温等条件发生变化，也会改变粉层的厚度和膨胀方式，从而影响萃取速度。在学会对水柱进行细微调节之前，建议统一之前提到的各项变量，在不确定因素更少的条件下多加练习。

这次采用的基础萃取法中，总萃取时间为 3 分 30 秒。其中，第一次注水的闷蒸时间为 30 秒，这其中几乎没有咖啡滴入下壶中，所以平均下来，萃取速度约为每分钟 100ml。

在萃取的过程中，咖啡粉的状态与热水的流动时时刻刻都在变化。萃取初期与后期的速度并非恒定，需根据实际情况进行控制，在萃取后期逐步加快速度。

一旦学会灵活自如地控制注水量，就可以在闷蒸后按照同样的步骤分次注水。不过要记住，第三次注水完成后，咖啡所需的成分基本已经全部析出。之后的注水主要是为了调整萃取量。从第四次注水开始，可调整注水量（水柱粗细与速度），逐步接近设定好的萃取时间。

以巴赫拼配的基础萃取为标准,使用三种不同的萃取时间。

按照巴赫咖啡的标准进行杯测,分别确认每种咖啡的味道变化。

标准萃取条件

● 咖啡粉——巴赫拼配

（a）烘焙度·············· 中深偏深烘焙
（b）研磨度·············· 中研磨
（c）投粉量·············· 两人份24g
（d）水温·············· 83℃
（f）萃取量·············· 300ml

—— 萃取时间A　2分40秒（较短）
······· 萃取时间B　3分10秒
—— 萃取时间C　4分00秒（较长）

什么是专业级的萃取

· 咖啡粉形成的过滤层不散,恰到好处地有效萃取味道成分。

· 仿佛轻轻覆盖在粉面上那样轻柔地注水,期间不搅动咖啡粉。

· 精准把握滤下情况,注水期间不断调整水柱的粗细。

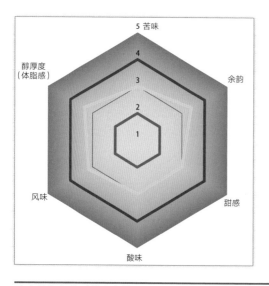

在各自条件下进行杯测,并分5段评价。

如果太接近1,可向促进萃取方向（=温度↑、时间↑、投粉量↑、研磨度↓等）作调整；如果太接近5,则可向抑制萃取的方向（=温度↓、时间↓、投粉量↓、研磨度↑等）稍作调整。

改变萃取条件时的印象笔记

整体　　　　　　30~40秒的时间差属于适当的萃取时间范围内,三种时间下出品均保持较好的平衡,味道浓度等比增强,差异明显,且均在好咖啡味道的容许范围内。三种咖啡都是风味良好的咖啡。

萃取时间C（较长）时,味道丰富,苦涩味和杂味没有过多析出。
萃取时间A（较短）时,苦味稍弱,但尚在好咖啡的容许范围内。

手冲注水时细腻的控制难度很高。不过一旦实现稳定的控制,就能对冲泡出的风味做出最细致入微的调整。

f 萃取量

　　萃取咖啡时，应在何时结束萃取，即如何设定萃取量，也会很大程度地左右咖啡的味道。用法式滤压壶等浸泡式萃取咖啡时，按照规定的水量注水，之后水量保持不变，因此无法对萃取量进行控制。而过滤式滴漏则可通过决定停止注水的时间点，切实有效地控制咖啡的萃取量。

　　具体的操作方法是，如果下壶自带刻度线，则从正侧面观察确认。有的下壶没有刻度线，所以近年来越来越多的人选择用滴漏秤（咖啡秤）测量咖啡的萃取量。达到目标萃取量后，立刻停止萃取。不少咖啡店会在吧台摆上成排的滤杯和放有下壶的咖啡秤，作为店内的陈列展示。

　　关于咖啡的投粉量与萃取量，很多滤杯会提供厂商推荐数值。可在推荐数值的基础上进行微调和杯测，这样能体验到明显的差异。

　　萃取量造成的味道变化十分直观。萃取出目标液量后在适当时间点停止萃取，该时间点所得的各成分浓度与平衡决定了一杯咖啡的味道。超过这一时间点后，继续萃取只会冲淡下壶中的咖啡液。

　　在过滤式（滴漏）萃取中，随着萃取量的增加，不易析出的成分比重也在增多，即杂味会越来越多。为了抑制杂味，需在适当的范围内进行萃取，并按照个人喜好摸索最佳时间点，调整出自己喜欢的浓度。

　　不改变其他条件，只对萃取量进行增减，即在相同时间内少量萃取或大量萃取。少量萃取时可慢慢萃取味道成分，而大量萃取时则需要增加注水量，萃取时的注水速度也相应加快。

f | 萃取量与咖啡味道的变化

以巴赫拼配的基本萃取为标准，使用三种不同的萃取量。

按照巴赫咖啡的标准进行杯测，分别确认每种咖啡的味道变化。

标准萃取条件

● 咖啡粉——巴赫拼配

（a）烘焙度·············· 中深偏深烘焙

（b）研磨度·············· 中研磨

（c）投粉量·············· 两人份24g

（d）水温················ 83℃

（e）萃取时间·········· 3分30秒

—— 萃取量A 200ml（较少）

—— 萃取量B 300ml

—— 萃取量C 400ml（较多）

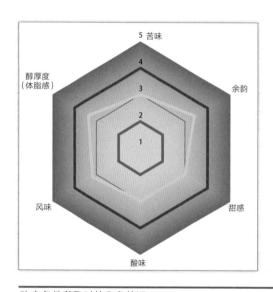

在各自条件下进行杯测，并分5段评价。

如果太接近1，可向促进萃取方向（=温度↑、时间↑、投粉量↑、研磨度↓等）作调整；如果太接近5，则可向抑制萃取的方向（=温度↓、时间↓、投粉量↓、研磨度↑等）稍作调整。

改变条件萃取时的印象笔记

酸味
酸味的表现成为关键点。

萃取200ml相当于萃取速度变快，为了保证萃取时间条件的一致，需要放慢注水速度。

虽然大致的味道表现图表中没有反映，事实上200ml时苦味（甜感）还未充分体现，所以酸味更加突出。

整体
萃取量的控制中没有个体差异，达到目标萃取量时停止萃取即可，控制起来也相对容易。三种咖啡基本都在好咖啡的范围内。酸味的表现是关键点，水量较少时，控制用细水柱以放慢萃取速度，比较容易保持味道的平衡感。在保持平衡感的同时，逐步提高出品的浓度。

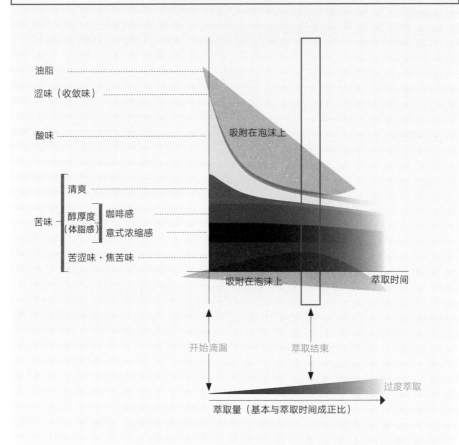

图表26 | 过滤式（滴漏）的味道成分萃取模型

油脂

涩味（收敛味）

酸味

吸附在泡沫上

清爽

醇厚度
（体脂感）

苦味

咖啡感

意式浓缩感

苦涩味・焦苦味

吸附在泡沫上

萃取时间

开始滴漏

萃取结束

过度萃取

萃取量（基本与萃取时间成正比）

从图表中得到的信息

· 一般情况下，越早从滤杯中滴下的咖啡液浓度越高。

· 易溶于水的成分（酸味、清爽的苦味）会在萃取的开始阶段全部析出，之后其浓度在下壶中逐渐降低。

· 不易溶于水的成分（涩味、油脂等）会一直按照相对稳定的浓度持续析出。

· 具有咖啡典型风味的苦味（浅烘焙、中烘焙）和具有意式浓缩咖啡风味的苦味（中深烘焙、深烘焙）等会在萃取过程中全部析出，之后其浓度在下壶中逐渐降低。

· 在达到目标萃取量阶段，各成分的浓度配比决定这杯咖啡的味道。

· 大多数过滤式萃取中，不溶于水的成分与部分涩味成分会吸附在泡沫中得以去除，从而抑制了苦味。与此同时，其醇厚度与油脂也会随之少量损失。

3

通过六个变量控制味道

通过上述分析，大家是否理解了萃取时控制味道的六个变量和各自的倾向性呢？掌握后就能通过这六个变量对味道进行很好的控制，反之如果不能控制好这些变量，咖啡的味道就会发生波动。

作为职业咖啡师，冲泡的咖啡需要有味道的再现性，即做到每次都能冲泡出想要的味道。如果出品的味道在不知不觉间出现波动，或是无法锁定味道变化的原因，那就是相当致命的大问题了。只有清楚了解问题所在，才能真正做到有意识地控制。

本章的开头曾提到，对于投粉量、水温与萃取量这些只要数值测量精准就能有效抑制偏差的变量，应尽可能做到精准测量。不仅如此，为了保证咖啡粉颗粒均匀，应选用精密的咖啡磨，并勤加养护，要特别注意及时去除微粉，在细节上精益求精。

如果要用滤纸滴漏式的方法萃取美味的咖啡，除了这六个变量，保证充分闷蒸也是一个要点。如果变量保持一致，但是萃取依旧失败，建议重新审视萃取的基本操作，确定咖啡豆的新鲜度与闷蒸的状态等更为基础的环节。

掌握六个变量，调整咖啡味道

六个变量与咖啡味道之间的大致关系如图表27（参考P073）所示。大家可先将这张图表牢牢记住。

咖啡所含的味道由酸味、清爽的苦味、醇厚的苦味、尖锐的苦味、不好的焦苦味、涩味和甜味等多种成分组成。其中酸味与苦味的表现会对咖啡的味道造成极大影响。酸味易溶于水，而苦味不易溶于水。

另外，六个变量与苦酸的关系，还可分为图表27上下所示的两种情况。

先看上面三个变量，烘焙度、研磨度与水温均为变量增加

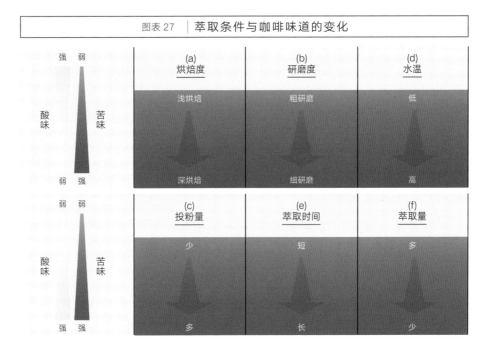

图表 27 | 萃取条件与咖啡味道的变化

	(a) 烘焙度	(b) 研磨度	(d) 水温
	浅烘焙	粗研磨	低
	深烘焙	细研磨	高

	(c) 投粉量	(e) 萃取时间	(f) 萃取量
	少	短	多
	多	长	少

则苦味变重、酸味减弱，萃取出的苦味与酸味成反比。要加强甜味，就需要灵活运用这些变量，让苦酸保持较好的平衡感。

　　而下面的三个变量，投粉量、萃取时间与萃取量在改变条件时，其变化方向比较容易把握。这三个变量增强后，苦味与酸味会同比放大。

　　调整六个变量时，如果把握以上这些规律，对于出品的味道就能更准确地做出预判，还能在调整各变量时有大概的参考。这就像是乐器中的均衡器，为了接近想要的声音，需要思考调整时要如何拉动各项调节钮，以获得最佳平衡。

　　上述味道的浓度就是"醇厚度"，或者说"体脂感"。"醇厚度"源自味道的复杂性与持久度。旦部幸博先生这样分析"醇厚"："如果一开始只尝出一种味道，大脑会认定并做出预测，认为就是单一味道。但如果紧接着又尝出了其他味道，大脑会因不符合预测而感到惊讶。当食物中含有多种味道，各种成分随着唾液在口中流动，我们对味道的感知也会随之发生变化，这会使我们觉得味道既丰富又立体。我认为，这可能就是大家判定一杯咖啡'醇厚'的原理。也就是说，'醇厚'不仅需要味道成分复杂多样，味道的持久度与对味道的感知时间也有关系。我们必须思考，面对复杂的成分，我们的大脑是如何认知相关信息的。"

调整六个变量，精准控制味道

为编写本书，我在各种条件下进行萃取，做杯测并记录味道。结果中还加入了醇厚度与余韵的记录，并将其制作成雷达图。在旦部幸博先生的协助下，我们对各项结果进行分析统计，整理出了图表 28 所示的概要示意图。想了解萃取条件的改变会给味道带来怎样的变化，不妨在控制味道时参考本图。

与上页相同，本图也主要从酸味与苦味的平衡出发，做出大方向的区分。让苦味凸显的条件，也会让整体的醇厚度与余韵变得更丰富、立体。苦味、醇厚度与余韵的强弱决定了六成味道。在剩余的部分中，酸味的强度决定两成味道。即按照这张概要示意图来进行萃取，应该能成功控制大约八成的味道。最后两成是图表 28 所无法反映的甜感和风味等。它们也随着整体味道的强弱变化，但不像其他要素那样可以简单地用图表体现。六个变量中，研磨度与水温会对它们有一定程度的影响。调节研磨度与水温，让苦酸平衡恰到好处时，最能品尝到强烈的甜味。

这些杯测中，并未记录苦味、涩味等负面味道。因为杯测的前提是对进入好球区、能被称为"好咖啡"的味道进行控制。本书意在分析如何对好球区中的味道进行微调，是瞄准正中心还是擦着边缘带来惊喜感，这才是本书的探讨范围。

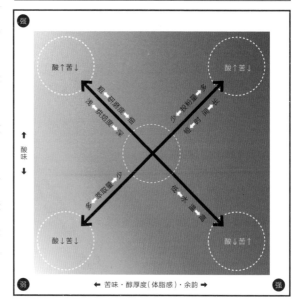

图表 28 | 味道控制 概要示意图

← 苦味·醇厚度（体脂感）·余韵 →

除此之外，烘焙度会决定一大半味道，在控制时要特别重视。烘焙度的不同为基础萃取带来的味道差异如图表29所示，一定要充分理解，牢记在心。在萃取中，各种味道会通过怎样的组合条件被激发出来，希望读者能切实掌握六个变量，并通过变量的增减亲自进行尝试与确认。

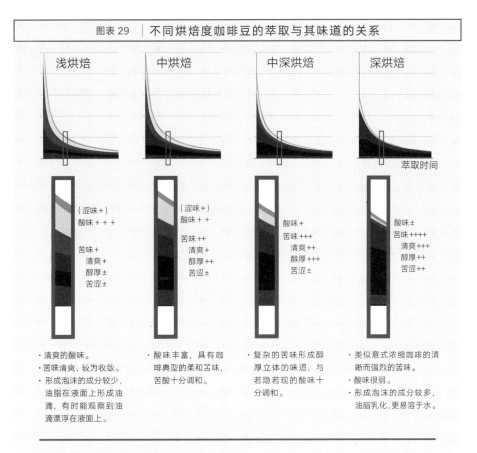

图表29 | 不同烘焙度咖啡豆的萃取与其味道的关系

浅烘焙　中烘焙　中深烘焙　深烘焙

萃取时间

浅烘焙	中烘焙	中深烘焙	深烘焙
（涩味+） 酸味+++ 苦味+ 清爽+ 醇厚± 苦涩±	（涩味+） 酸味++ 苦味++ 清爽+ 醇厚++ 苦涩±	酸味+ 苦味+++ 清爽++ 醇厚+++ 苦涩±	酸味± 苦味++++ 清爽+++ 醇厚++ 苦涩++

- ·清爽的酸味。
- ·苦味清爽，较为收敛。
- ·形成泡沫的成分较少，油脂在液面上形成油滴，有时能观察到油滴漂浮在液面上。

- ·酸味丰富，具有咖啡典型的柔和苦味，苦酸十分调和。

- ·复杂的苦味形成醇厚立体的味道，与若隐若现的酸味十分调和。

- ·类似意式浓缩咖啡的清晰而强烈的苦味。
- ·酸味很弱。
- ·形成泡沫的成分较多，油脂乳化，更易溶于水。

从图表中得到的信息

- ·烘焙度会在一定程度上决定萃取时的味道平衡。
- ·浅烘焙豆会比深烘焙豆萃取出更多的酸味，而深烘焙豆比浅烘焙豆萃取出更多苦味和醇厚度。
- ·中烘焙与中深烘焙的咖啡豆苦酸平衡最佳，最容易尝到甜味。

※ 图表为投粉量和研磨度相同的条件下所做的简易模拟结果。

第 3 章 Chapter 3

用不同的器具萃取咖啡

利用器具的特点微调咖啡的味道

萃取器具原理各异，造型也多种多样。

本章将围绕控制自由度较高的滤纸滴漏式，解析多种器具的特色，灵活运用各种器具的特点进行萃取。了解各种器具的特点，并利用第 2 章的六个变量微调咖啡的味道，就能逐步萃取接近自己最喜欢的咖啡味道。本章会详细剖析『如何用各种器具萃取』。

萃
取
器
具
不
同
带
来
的
咖
啡
味
道
的
差
异

本书意在分析滤纸滴漏式的萃取控制技法。之前的章节主要讲解了萃取的理论，接下来我们终于要进入实践篇了。

先来看看各种萃取器具分别具有哪些特点。第一步需要确认，按照厂商推荐的条件发挥各款滤杯的优势进行萃取，实际上会得到何种风味的咖啡。

现在，咖啡业界开始重新审视滤纸滴漏式。对"法兰绒滴漏式与滤纸滴漏式哪种更好"这一问题的争论不休早已成为往事。每种萃取器具都有其独特的个性，大家终于意识到，问题的关键在于如何充分发挥不同器具的特长。

第1章中曾提到，萃取器具可以分为浸泡式和过滤式。在此做一个简单的回顾，浸泡式是将咖啡粉泡在热（冷）水中，而过滤式则将咖啡粉做成粉层，并使热（冷）水通过粉层。这两种方式在浸泡与过滤时，咖啡粉中的成分都会转移到热（冷）水中，从而得到一杯咖啡。

虹吸式、法式滤压壶、土耳其式偏向浸泡式，而滴漏式、意式咖啡机则更偏向于过滤式。有很多器具兼具两种方式的要素，很难一概而论地进行区分。

利用滤杯的特点控制

单看滤纸滴漏式，不要单纯地认为既然是滴漏式就一定是过滤式。滤纸滴漏式所使用的滤杯种类繁多，图表30（参考P079）所列举的仅是其中极少的一部分。

各款滤杯的孔数、孔径和肋骨高度均不相同，与其配套使用的滤纸纤维密度和厚度各异，使得注水后萃取液滴入下壶所需的时间大不相同。因此，每款滤杯具有截然不同的个性。

在第2章探讨的"决定咖啡味道的萃取技法"中，我总结

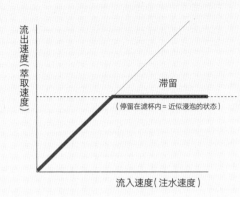

滞留

（停留在滤杯内 = 近似浸泡的状态）

流出速度（萃取速度）

流入速度（注水速度）

流出速度的上限

由注水速度、研磨度、粉层厚度、
滤纸纤维的密度和厚度，以及
滤杯特点等决定。

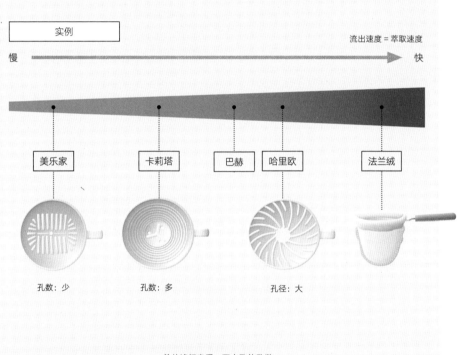

实例

流出速度 = 萃取速度

慢 → 快

美乐家　　　卡莉塔　　　巴赫　　哈里欧　　　法兰绒

孔数：少　　　孔数：多　　　　　　孔径：大

单从滤杯来看，下水孔的孔数
与孔径、肋骨高度等不同会使
得咖啡液的流出速度各不相同。
再加上咖啡粉的研磨度与滤纸
的纤维密度等要素，让实际情
况变得更为复杂。

出六个变量，其中有一项是萃取时间，即滤杯会对六个变量之一的萃取速度产生相当程度的影响，在萃取时必须加以考量。

对味道的控制只有在了解了各款滤杯的特点后才能真正实现。

滤杯诞生于1908年，它最初是由生活在德国德累斯顿的梅丽塔·本茨（Melitta Bentz）女士发明的。当时人们普遍使用布片或金属滤网进行萃取，而梅丽塔女士希望能更简便地萃取咖啡，从而发明了滤杯。美乐家（Melitta）滤杯只有一个下水孔，只需一次性注入全部热水即可，操作非常简单，不论是谁都能萃取出一杯风味稳定的咖啡。

100多年过去了，期间多款造型各异的滤杯纷纷面世。按照形状大致可分为两大类，一种是以巴赫店内使用的三洋产业THREE FOR、卡莉塔（Kalita）、美乐家为代表的梯形滤杯，另外一种则是以哈里欧（Hario）、河野以及滤杯和下壶一体的凯梅克斯（Chemex）为代表的锥形滤杯。从侧面观察，能很清晰地看出两者在造型上的区别。

从下水孔的数量来看，卡莉塔的三孔梯形滤杯闻名于世界。近年来，卡莉塔还推出了三孔并非直线分布，而是在宽大的底面上呈等边三角形分布的卡莉塔波浪系列滤杯。滤纸也是立体的圆碗形，周围一圈呈波浪状。这种设计空气流通顺畅，萃取速度很快。除了单孔和三孔，还有双孔的滤杯（三洋产业），各具特色。

滤杯的不同还体现在肋骨上。肋骨，即滤杯内壁的凸起。这种设计是为了避免让滤纸紧贴在滤杯壁上，以确保空气流通顺畅，具有非常重要的作用。肋骨的不同设计会给滤杯的性能带来极大的差异。

单孔的产品中，扩大孔径的产品越来越多。以20世纪70年代发明的河野锥形滤杯为首，哈里欧的V60、三洋产业的花瓣滤杯相继问世。这大概是当时的设计人员对滤纸滴漏式能多大程度地接近法兰绒滴漏式的一种挑战吧。

"为了让注入的热水尽可能通过更厚的粉层，而将滤杯的倾斜角度做得更陡，并用更高的肋骨保持空气的流通顺畅。将孔径扩大也是为了让萃取液能更流畅地滤下。这些设计应该说都是为了还原法兰绒滴漏式。"（旦部幸博）

这种萃取器具是浸泡式还是过滤式？

用于萃取的器具是浸泡式还是过滤式，抑或兼具两者的特点？需要进行几次注水？用这款滤杯会萃取出怎样的味道？针对上述问题，我们做了简易模拟实验，并将其结果整理为图表31（参考P082）。

每个厂商给出的推荐注水次数与萃取手法各不相同，这是因为推荐的萃取方法中包含了滤杯开发人员精心设计的产品特色。使用说明中推荐的是最能充分展示滤杯个性的冲泡方法。可以从推荐的方法出发，把握滤杯的特点，摸索能最大限度发挥其个性的萃取手法。

只要掌握第2章所介绍的萃取技法，不论使用什么器具都能对味道进行有效控制。

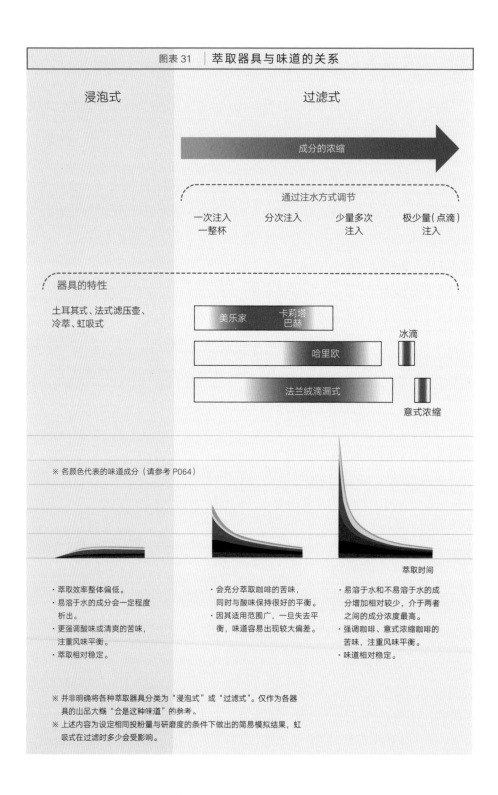

图表 31 │ 萃取器具与味道的关系

浸泡式

过滤式

成分的浓缩

通过注水方式调节

一次注入 一整杯　　分次注入　　少量多次 注入　　极少量（点滴） 注入

器具的特性

土耳其式、法式滤压壶、 冷萃、虹吸式

美乐家　　　卡莉塔 巴赫

冰滴

哈里欧

法兰绒滴漏式

意式浓缩

※ 各颜色代表的味道成分（请参考 P064）

萃取时间

· 萃取效率整体偏低。
· 易溶于水的成分会一定程度 析出。
· 更强调酸味或清爽的苦味， 注重风味平衡。
· 萃取相对稳定。

· 会充分萃取咖啡的苦味， 同时与酸味保持很好的平 衡。
· 因其适用范围广，一旦失去平 衡，味道容易出现较大偏差。

· 易溶于水和不易溶于水的成 分增加相对较少，介于两者 之间的成分浓度最高。
· 强调咖啡、意式浓缩咖啡的 苦味，注重风味平衡。
· 味道相对稳定。

※ 并非明确将各种萃取器具分类为"浸泡式"或"过滤式"。仅作为各器 具的山品大概"会是这种味道"的参考。
※ 上述内容为设定相同投粉量与研磨度的条件下做出的简易模拟结果，虹 吸式在过滤时多少会受影响。

用不同的器具进行萃取

本节会解析各种萃取器具的特色，使用器具实际进行萃取，并考察出品的味道。

这里会用到以下器具。

滤纸滴漏式：

单孔（大）锥形滤杯　过滤式　哈里欧 V60

三孔　梯形滤杯　过滤式　卡莉塔波浪

单孔（小）接近浸泡的过滤式　美乐家

其他：

法兰绒　过滤式

金属滤网　过滤式

法式滤压壶　浸泡式

针对每种器具，我就器具的构造、其构造对味道的影响、开发的目标意图等问题走访了各家厂商。另外，我也对实际的萃取过程进行了拍摄，明确了萃取的每个步骤。

本章节所选取的这些萃取器具，除了完全属于浸泡式的法式滤压壶，其他基本都是过滤式。即热水通过咖啡粉层、经过滤杯变成咖啡液滴落的过程中，咖啡粉中的成分转移到了热水中。

滤杯造型各异，孔数和孔径也均不相同。不过，虽然滤杯存在一些构造上的差异，但不论是滤纸滴漏式、法兰绒滴漏式还是金属滤网滴漏，从第 2 章介绍的六个变量的角度来看，萃取时间（速度）受到滤杯的影响最大，最容易发生变化。

萃取速度会根据滤杯的形状、滤纸的织法与纤维密度、表面的形状、法兰绒滤布的质地、金属滤网的孔数等因素发生变化。

其他变量基本可以设定为相同条件。依照巴赫基础萃取设定烘焙度、研磨度、投粉量、水温与萃取量，按照同样的注水方式进行滴漏。确认萃取时间的差异后，再对萃取的咖啡液进行杯测，这样一来就能了解萃取速度与味道的差异。只要能确保条件一致，就能简单地还原实验，希望有兴趣的读者不妨亲自尝试一下。

咖啡的风味组成复杂，正如之前反复强调的，咖啡味道的好球区不是一个具体的点。好咖啡存在一个好球区范围，冲泡咖啡的一大主题就是选择让出品的味道命中好球区的哪个点。

不过本章中我们优先考虑各款滤杯的设计理念，基本按照各厂商推荐的条件，尝试使用不同的滤杯进行萃取。在此基础上，针对第 2 章介绍的影响咖啡味道的六个变量进行杯测，并将结果总结为图表，以此表现各滤杯的个性。

相同图表中所标记的基准线，代表根据巴赫咖啡的基本条件萃取所得的咖啡。因为基准线是巴赫咖啡所使用的三洋产业 THREE FOR 滤杯萃取的结果，比较中不存在其他要素，设计相对简单，其结果仅供各位读者参考。

不少滤杯会推荐与巴赫咖啡的基础萃取不同的条件来进行萃取，其原因之一就是现在市面上销售的咖啡豆大多不是满足各项条件且新鲜烘焙的豆子。不少滤杯的推荐萃取水温较高，这是因为不论什么品相的咖啡豆，用较高的水温都能萃取出较好的味道。

随着精品咖啡越来越受市场的关注，普通生豆和烘焙豆的品质都在提高。不仅咖啡豆的大小均匀了很多，市面上品相良好的咖啡豆也越来越多。但是新鲜烘焙的咖啡豆依然不容易购得，而在滤杯的开发中设计人员的用心恰恰就体现在这里。设计人员希望滤杯做到不论使用什么烘焙度、什么新鲜度的咖啡豆，都能尽可能简单地萃取一杯美味的咖啡。可适用于各个烘焙度，并能弥补咖啡豆新鲜度的不足，在冲泡的过程中还能尽可能覆盖宽广的味道好球区，这才是大家真正需要的滤杯。

本书主要围绕滤纸滴漏式的萃取方式展开，不过本节也介绍了法兰绒滴漏式，它是滤纸滴漏式的前身。除此之外，还对逐渐受到瞩目的金属滤网式进行了萃取杯测。

用法式滤压壶萃取的方法，是彻底的浸泡式萃取法。在使用法式滤压壶时，需要将热水倒入咖啡粉中，浸泡后再萃取。不过浸泡式萃取也能通过六个变量控制味道，所以特别列出。

针对上述萃取进行考察，并非想对器具的好坏做出评价。我希望大家通过理解每种器具设计中的用意，更细致地了解它们不同的特征与个性，从而举一反三，对如何冲泡出想要的味道能有更深入的理解。

仔细想想，你的家中是不是有以前买回来却一直没有使用的萃取工具呢？请找出来确认一下形状与生产厂商，利用器具的特点使用六个变量尝试萃取一杯咖啡吧。相信这一次你一定能冲泡出之前从未尝到过的味道。

在理解了上述说明后，让我们开始探究各款滤杯的构造与萃取手法吧。

a（1）滤纸滴漏式：锥形 / 单孔 / 哈里欧 V60 滤杯

锥形单孔滤杯的特点是下水孔径较大，圆锥形的滤纸尖端会从滤杯的下水孔中伸出。

这类滤杯的代表产品有哈里欧 V60、三洋产业的花瓣滤杯、河野滤杯等。锥形单孔滤杯的设计理念是加深咖啡粉形成的过滤层，通过滤纸滴漏式做出近似法兰绒滴漏式的好味道。

虽然都呈锥形并只有一个较大的下水孔，不过在肋骨的设计上，哈里欧 V60 的内壁有螺旋状的长条肋骨，而三洋产业的花瓣滤杯从正上方俯视，滤杯内壁如同一朵绽放的鲜花。这些设计都是为了减少滤纸与滤杯内壁的接触，使得萃取速度更容易把握。注水速度快，咖啡液的萃取速度也会加快，而缓慢轻柔地注水则可以减缓萃取速度。

与此相对，河野滤杯主要是面向职业咖啡师开发的滤杯，其内壁只有底部有较短的肋骨，上半部没有肋骨。这种设计让滤纸紧贴滤杯的上部，使得萃取液无法溢出。它的萃取方法也和其他滤杯不同，有自己独特的一套注水方法。

在萃取时，泡沫会裹着杂味与微粉集中在滤杯上部，而想要的咖啡成分则落入下部被萃取出来。在萃取后段提高注水速度时，也要注意轻柔地注水，不要搅浑上部与下部的粉层。

本节以哈里欧 V60 滤杯为例，现在，一起来看看这款滤杯的实际萃取与杯测结果吧！

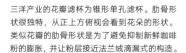

三洋产业的花瓣滤杯为锥形单孔滤杯。肋骨形状很独特，从正上方俯视会看到花朵的形状。类似花瓣的肋骨形状是为了避免抑制新鲜咖啡粉的膨胀，并让粉层接近法兰绒滴漏式的构造。

哈里欧 V60 滤杯的构造

这是哈里欧 V60 的锥形单孔滤杯。滤纸的尖端会伸出大孔径的下水孔。从滤杯的正上方俯视，会看到肋骨弯曲呈较缓的螺旋状，肋骨从滤杯上部一直延伸到下水孔。这款滤杯叫作"V60 过滤滤杯"，主要是通过"螺旋"的肋骨确保顺畅过滤，实现对萃取速度的随心控制。

萃取方法与 P030 的基本萃取法相同，第一次注水后闷蒸，在滤杯中的热水完全滤尽前进行第二次注水、第三次注水，直到获得目标萃取量。

用哈里欧 V60 滤杯萃取

1 第一次注水

2 闷蒸

3 第二次注水

4 第二次注水结束时

5 第三次注水

6 第四次注水结束后

哈里欧 V60 滤杯萃取杯测

用巴赫咖啡的方式对哈里欧V60滤杯萃取出的咖啡味道进行杯测（厂商推荐条件范围较广时，将萃取条件设定为巴赫拼配的基础萃取条件）。

萃取条件

● 咖啡粉——巴赫拼配

(a) 烘焙度 ·············· 中深偏深烘焙

(b) 研磨度 ·············· 中研磨 (5.5)

(c) 投粉量 ·············· 两人份24g

(f) 萃取量 ·············· 300ml

※ 厂商推荐萃取量为240ml

〔与巴赫基础萃取不同的条件〕

(d) 水温 ·············· 93℃

(e) 萃取时间 ·········· 2分45秒（共注水四次）

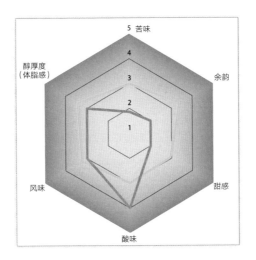

―― 巴赫
―― 哈里欧 V60

萃取时的印象笔记

余韵
甜感
苦味

比巴赫咖啡使用的三洋产业THREE FOR滤杯的滤下速度快，
余韵、甜感、苦味均表现得清爽而含蓄。

风味
醇厚度（体脂感）

表现均丰富适度。

整体

过滤十分顺畅，能对应的烘焙度较广。整体印象上，风味与酸味较为突出。
萃取时间很短，只萃取了了美味成分。
可适当增加投粉量或降低水温，这样在后段能萃取出更多的苦味，从而
加强余韵与甜感。

a（2）滤纸滴漏式：梯形 /
三孔 / 卡莉塔波浪滤杯

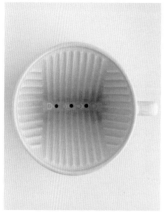

卡莉塔扇形陶瓷 HASAMI 波佐见烧 HA102 滤杯。它是采用长崎县波佐见烧做成的陶瓷器滤杯系列。采用三孔设计，能在杂味析出前快速完成萃取。三孔呈直线分布的旧款滤杯仍被人们所喜爱。

　　卡莉塔曾经推出的三孔呈直线的滤杯非常受欢迎。如今，该厂商又因其新推出的滤杯——底面积增大 1.45 倍、三孔呈等边三角形分布的"波浪"系列滤杯而声名远扬。

　　杯如其名，与滤杯搭配使用的滤纸最大的特点就是其波浪形的围圈。其他滤纸在制备之前都是平面的，使用时需要折叠。而波浪专用滤纸是由一张较大的圆形纸片压制而成的立体圆碗，其围圈大约有 20 个波浪褶皱。这种滤纸不需要在萃取前制备，直接放入滤杯就能使用。

　　这款滤杯的设计理念是通过加快萃取速度，萃取出味道清爽的咖啡。20 道波浪形成了空气散逸的通道，热水会呈离心状均匀扩散滤下。不仅热水的滤下速度快，萃取出的咖啡液杂味也相对较少。

　　近年来，相较于拼配豆，越来越多的人开始青睐单品豆和浅烘焙豆。很多人认为，快速萃取可以更好地体现出每种咖啡豆的个性特点。事实上，不仅是咖啡豆的不同，快速萃取也可以清晰地体现出咖啡豆以及烘焙度带来的变化。

　　除此之外，这款滤杯对冲泡技术的要求较低，很适合在家中使用。咖啡粉的家庭消耗量正在日益增加。使用这款滤杯，能让不常在家中做滴漏咖啡的人也能泡出美味的咖啡。

卡莉塔波浪滤杯的构造

　　卡莉塔波浪滤杯是梯形三孔滤杯（国内一般被称为篮型滤杯或蛋糕滤杯）。滤纸围圈的 20 道状如波浪的褶皱打通了空气散逸的通道，注入的热水呈圆形扩散，萃取效率较高。滤杯与滤纸组合在一起，共同构成了过滤装置。为避免让底面三孔紧贴滤纸，底面还设计有凸起的肋骨。

　　萃取方法与 P030 的基本萃取方法相同，第一次注水后闷蒸，在滤杯中的热水完全滤尽前进行第二次注水、第三次注水，直到获得目标萃取量。

用卡莉塔波浪滤杯萃取

1 第一次注水

2 闷蒸

3 第二次注水

4 第二次注水结束时

5 第三次注水

6 第四次注水结束后

卡莉塔波浪滤杯萃取杯测

采用厂商推荐的条件用卡莉塔波浪滤杯进行萃取,用巴赫咖啡的方式对萃取出的咖啡味道进行杯测(厂商推荐条件范围较广时,将萃取条件设定为巴赫拼配的基础萃取条件)。

萃取条件

● 咖啡粉——巴赫拼配

(a)烘焙度 ·············· 中深偏深烘焙

(b)研磨度 ·············· 中研磨(5.5)

(c)投粉量 ·············· 两人份24g

(f)萃取量 ·············· 300ml

〔与巴赫基础萃取不同的条件〕

(d)水温 ·············· 92℃

(e)萃取时间 ·········· 2分59秒(共注水四次)

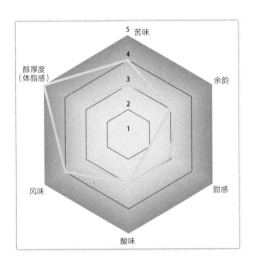

—— 巴赫
卡莉塔波浪

萃取时的印象笔记

风味
醇厚度(体脂感) } 均充分萃取,味道丰富。

甜感 基本没有。

酸味 酸味适宜。

整体 萃取速度很快,不需要担心滤下不畅。萃取不受咖啡豆品相的影响,
因水温较高,甜感不足。
可轻松通过烘焙度进行控制,想喝酸味的话选择中烘焙,偏爱苦味的话则可选
择深烘焙的咖啡豆。

a（3）滤纸滴漏式：梯形／单孔／美乐家滤杯

发明全世界第一只滤杯的是20世纪初的德国主妇——人称"梅丽塔夫人"的梅丽塔·本茨女士。当时，德国家庭普遍使用的萃取器具有一不小心就会煮过头的老式煮咖啡壶、不便清理的法兰绒滤布和容易混入微粉的摩卡壶。梅丽塔夫人不满于这些器具的各种缺点，想到用钉子在黄铜茶壶底上凿开几个小洞，并垫上一层吸墨水用的纸。如此一来，果然能轻松方便地冲泡出咖啡了。她因为这个发明成立了公司，即今天的"美乐家"。在那之后，这家公司一直是业界的先锋，并制定出了滤杯的标准。

现在，美乐家滤杯是梯形的，它的底部中央有一个小的下水孔。其实，美乐家将全线产品统一为单孔是在20世纪60年代，以前很多产品有三到八个不等的下水孔。这款滤杯特意改良成单孔，是为了让热水更好地停留在滤杯中。相对于其他滤杯通过注水细致地调节萃取速度，美乐家滤杯被设计为只需一次性加入目标萃取量的热水即可。这款滤杯在设计中进行了调整，一次性加入全部热水后，会在热水滤下的时间里完成萃取。为此，初学者也能轻松地冲泡出美味的咖啡。不过相比其他滤杯，这款滤杯的萃取更接近浸泡式。

美乐家专用滤纸上，有美乐家独家开发的超细芳香小孔，能萃取咖啡的香味成分。据厂商介绍，这款滤纸能更好地萃取出加入热水后快速释放的芳香物质和萃取初期大量析出的成分。而且，这款滤纸有双重压边，比一般的滤纸更牢固。另外，这款滤纸是首个在日本获得推进世界森林保护的非营利性团体FSC®认证的产品。

美乐家滤杯的构造

美乐家滤杯为梯形单孔滤杯。与锥形滤杯不同，其下水孔较小，所以这款滤杯是更接近浸泡式的过滤式滤杯。1~2杯用的1×1型号的滤杯上，肋骨从底部一直延伸到滤杯上缘，而2~4杯用的1×2型号只有内壁的下半部有肋骨（照片为1×2型号）。底部的设计能将咖啡液一滴不剩地全部萃取出来。

这款滤杯的萃取方式与其他滤杯不同。第一次注水后闷蒸，第二次一次性加入目标萃取量的全部热水，等其滤下。因此，注水造成的不稳定因素较少，萃取速度是由滤杯本身决定的。

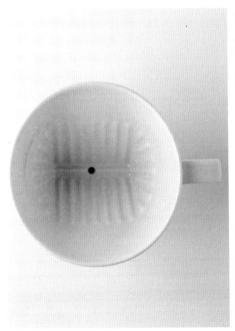

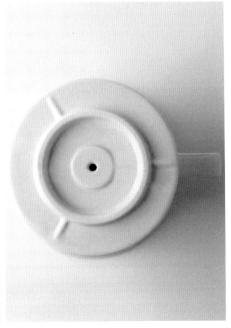

用美乐家滤杯萃取

1 第一次注水

2 闷蒸

3 第二次注水

4 第二次注水中

5 第二次注水结束时

6 第二次注水结束后

美乐家滤杯萃取杯测

采用厂商推荐的条件用美乐家滤杯进行萃取,用巴赫咖啡的方式对萃取出的咖啡味道进行杯测(厂商推荐条件范围较广时,将萃取条件设定为巴赫拼配的基础萃取条件)。

萃取条件

● 咖啡粉——巴赫拼配

(a) 烘焙度 ················· 中深偏深烘焙
(b) 研磨度 ················· 中研磨(5.5)

〔与巴赫基础萃取不同的条件〕

(c) 投粉量 ················· 两人份16g
(d) 水温 ·················· 93℃
(e) 萃取时间 ············· 2分47秒(共注水两次)
(f) 萃取量 ················· 250ml

—— 巴赫
—— 美乐家

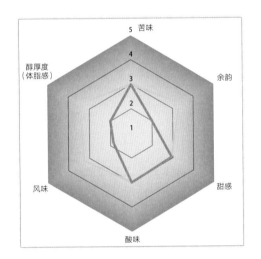

萃取时的印象笔记

风味 醇厚度(体脂感) 余韵	均稍显含蓄。
酸味 苦味 甜感	酸味凸显,苦味有一定的持续性,能尝到甜味。
整体	酸味与苦味被恰到好处地萃取出来,能尝到甜味。 可能因为接近浸泡式且下水孔较小,还萃取出了一些油脂。 不容易受萃取技法的影响,谁都能轻松地完成萃取。

使用后拧干洗净的法
兰绒滤布，放入装有
净水的容器中，最后
放进冰箱冷藏保存。

b 法兰绒滴漏式

法兰绒滴漏式是滤纸滴漏式的原型，使用滤布进行萃取。这样冲泡出的咖啡风味柔和，是咖啡馆和专业咖啡人士偏好的萃取方法。而这背后的原因与其说是萃取的难度，不如说是操作的复杂程度吧。用新滤布时，为了除掉滤布本身的味道和糨糊，必须和少量咖啡粉一起放入水中沸煮后才能使用。另外，每次使用后都要用水洗净，并放入装有净水的容器中保存。保存用水必须每天更换。如果滤布干了，那么渗入滤布的咖啡油脂就会氧化。

法兰绒滴漏式的构造

咖啡粉形成的过滤层比滤纸滴漏式更厚，能够充分闷蒸。另外，过滤速度也比较均匀。法兰绒滤布还可根据个人喜好做成不同的形状。不过，随着使用次数的增加，滤布的空隙会逐渐变小，使得过滤的状态发生改变，萃取时需要根据滤布的状态进行调整。而且使用到一定次数后必须更换滤布。

萃取方法与滤纸滴漏式的基本萃取方法（参考P030）相同，第一次注水后闷蒸，在滤布中的热水完全滤尽前进行第二次、第三次注水，直到获得目标萃取量。

用法兰绒滴漏式萃取

1 吸干法兰绒滤布上的水分

2 第一次注水

3 闷蒸

4 第二次注水

5 第二次注水结束时

6 第三次注水

1 在装入支架前将法兰绒滤布从保存容器中取出，轻轻拧干水分，再用抹布等按压，彻底吸干水分后再装入支架倒入咖啡粉。

2 第一次注水。与滤纸滴漏式一样，壶口靠近粉面，轻柔地注入热水。

3 注水至萃取液少量滴入下壶后开始闷蒸。闷蒸时间约为 20~30 秒。法兰绒滤布没有滤杯那样的遮挡物，即便水温偏高，空气也能从四面散出，所以一般不会出现鼓包被冲出气孔或粉面开裂等闷蒸失败的情况。

4 第二次注水。基本和滤纸滴漏式一样，以"の"字形画圈，缓慢注入热水。注意不要直接将热水淋在粉面边缘处和法兰绒滤布上。

5 法兰绒滴漏式因为咖啡粉形成的粉层较厚，所以能够充分萃取咖啡的成分。

6 第三次注水。从第三次注水开始，需在热水全部滤下前进行下一次注水，逐步加快萃取速度，在注水中会产生大量细腻的泡沫。注水速度可参考漏下速度，尽量保持两者一致。达到目标萃取量后马上移走法兰绒滤布。

法兰绒滴漏式萃取杯测

采用厂商推荐的条件用法兰绒滴漏式进行萃取,用巴赫咖啡的方式对萃取出的咖啡味道进行杯测(厂商推荐条件范围较广时,将萃取条件设定为巴赫拼配的基础萃取条件)。

萃取条件

● 咖啡粉——巴赫拼配

(a) 烘焙度 ············ 中深偏深烘焙
(b) 研磨度 ············ 中研磨 (5.5)
(c) 投粉量 ············ 两人份 24 g

〔与巴赫基础萃取不同的条件〕

(d) 水温 ············ 93℃
(e) 萃取时间 ········ 2分40秒 (共注水三次)
(f) 萃取量 ············ 240 ml

巴赫
法兰绒滴漏式

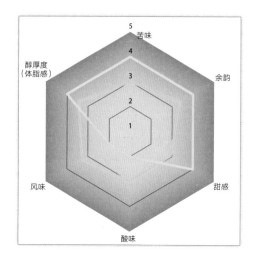

萃取时的印象笔记

醇厚度 (体脂感)
余韵
甜感
苦味

即便在高水温条件下依然有较好的表现。

风味
酸味

风味和酸味都比较含蓄。特别是风味方面,饮用时不论是否屏住呼吸,尝到的风味变化都不大。

整体

浅烘焙豆用法兰绒滴漏式萃取会带出涩味,最适合用于冲泡深烘焙或中深烘焙的咖啡豆。
相较于咖啡豆的种类、原料的个性,萃取器具的个性更为突出。
大前提是绝对不能忽视对法兰绒滤布的护理。滤布的形状、大小、有绒毛的一面朝里还是朝外等细节上的不同都会影响出品的味道。

C 金属滤网滴漏式

不用滤纸而使用金属细网作为过滤工具的金属过滤器具，有不锈钢、镀金等各种材质。有的是在金属片上凿出极细的小孔，有的是用细金属丝编织而成，还有的在金属片上开出细沟。

有些金属滤网与专用的下壶组合出售，有些则作为金属滤网单品出售。照片为一体式的哈里欧金属滤网咖啡壶。

形状近似锥形滤杯，底部也是滤网，没有下水孔。萃取时咖啡液会从侧壁和底部一起渗出。

金属滤网在使用时容易因为微粉阻塞而导致下水不畅，用后需要用软毛刷蘸取中性洗涤剂彻底清洗干净。

金属滤网滴漏式的构造

金属滤网的下水孔为肉眼可分辨的大小，这种构造除了会增加油脂成分的萃取量外，还容易让微粉通过。最好在磨豆后彻底筛除微粉再使用。

油脂成分会为出品带来独特口感。使用后直接将咖啡渣冲掉可能会阻塞排水口，建议用厨余滤过滤一下，避免直接将咖啡渣冲入下水道。

萃取方法与滤纸滴漏式的基本萃取方法（参考P030）相同，第一次注水后闷蒸，在滤杯中的热水完全滤尽前进行第二次、第三次注水，直到获得目标萃取量。

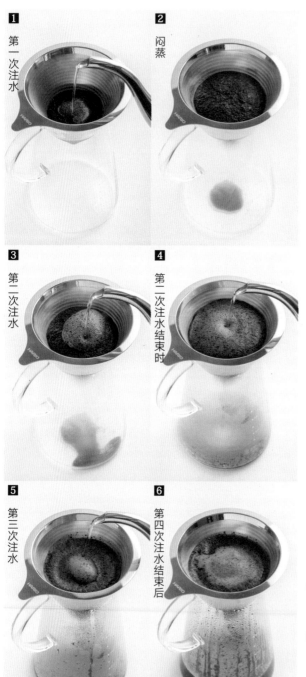

用金属滤网滴漏式萃取

1 第一次注水

2 闷蒸

3 第二次注水

4 第二次注水结束时

5 第三次注水

6 第四次注水结束后

1 在金属滤网中加入咖啡粉，轻轻摇晃使粉面平整。第一次注水时，与滤纸滴漏式一样，壶口靠近粉面，轻柔地注入热水。

2 注水至萃取液少量滴入下壶后开始闷蒸。闷蒸时间约为 20~30 秒。

3 第二次注水。基本和滤纸滴漏式一样，以"の"字形画圈，缓慢注入热水。注意不要直接将热水淋在粉面边缘处。

4 受金属滤网孔数和咖啡粉研磨度的影响，萃取液滴入下壶的速度与滤纸滴漏式不同。注水时根据实际萃取情况控制水柱粗细。

5 第三次注水。第三次后需在热水全部滤下前进行下一次注入，达到目标萃取量后马上移走金属滤网。

金属滤网滴漏式萃取杯测

用巴赫咖啡的方式对金属滤网萃取出的咖啡味道进行杯测（厂商推荐条件范围较广时，将萃取条件设定为巴赫拼配的基础萃取条件）。

萃取条件

● 咖啡粉——巴赫拼配

（a）烘焙度 ············ 中深偏深烘焙

（b）研磨度 ············ 中研磨（5.5）

（c）投粉量 ············ 两人份24g

（f）萃取量 ············ 300ml

※厂商推荐萃取量为240ml

〔与巴赫基础萃取不同的条件〕

（d）水温 ············ 93℃

（e）萃取时间 ········ 4分04秒（共注水四次）

—— 巴赫

—— 金属滤网

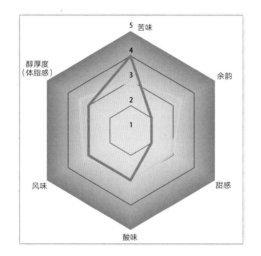

萃取时的印象笔记

余韵 甜感	均表现清爽而含蓄。
苦味	苦味偏重。
整体	相比使用哈里欧或卡莉塔进行的滤纸滴漏式，金属滤网的萃取液滤下速度要缓慢得多，萃取时间较长。 时间偏长则苦味偏重。 如果不用中深而用中烘焙度，并将咖啡粉研磨度稍稍调粗一些，应该能更好地体现金属滤网的特点。 兼具法式滤压壶与锥形滤杯（单孔）滤纸滴漏式的优点。

注入热水后，等待壶中咖啡液稳定、咖啡粉开始下沉。用灯从后面照射壶身会更容易观察。

d 法式滤压壶

像萃取红茶那样用热水浸泡咖啡粉后再萃取，是典型的浸泡式萃取法。按压时用金属滤网过滤，能萃取出丰富的油脂成分，并能在出品中很好地体现咖啡豆的特点。

法式滤压壶在使用时放入咖啡粉后一次性加入全部热水，看似操作简单谁都能用，其实还是需要在细节上用心。萃取时要注意充分闷蒸，轻柔注水，并在最后判断好按压的时机。只要抓住这三个要点，谁都能用法式滤压壶萃取出品质稳定的咖啡。

法式滤压壶的构造

法式滤压壶是浸泡式最具代表性的萃取方法，不过闷蒸时间与注水手法对出品味道有较大影响。萃取后将金属滤网按下，滤出咖啡渣，再将咖啡液分离出来。

萃取方法是像滤纸滴漏式的基本萃取方法（参考 P030）那样，加入部分热水浸湿全部咖啡粉进行充分闷蒸，随后倾斜壶身轻柔注入热水，避免冲散咖啡粉。按压时严禁猛地往下压，或上下抽动压杆。注意不要让咖啡粉在热水中过度翻滚。

用法式滤压壶萃取

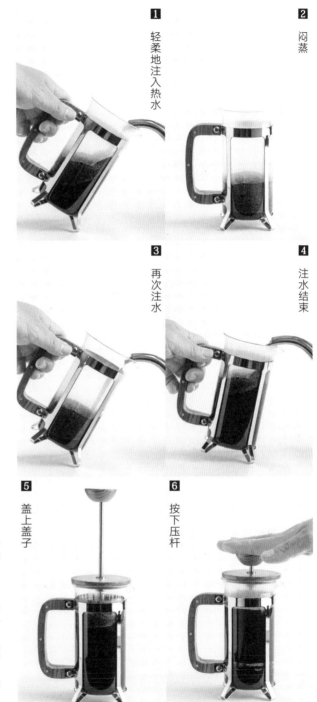

1 轻柔地注入热水

2 闷蒸

3 再次注水

4 注水结束

5 盖上盖子

6 按下压杆

1 加入咖啡粉后左右轻轻晃动，使粉面平整。轻轻注入热水，浸湿全部咖啡粉即可。

2 热水浸湿全部咖啡粉后保持静置，闷蒸 1 分钟。

3 握住把手倾斜壶身，顺着玻璃壶的斜面轻柔倒入剩下的热水。尽量小心，避免咖啡粉在热水中翻滚。

4 水位升至壶口时逐渐减小倾斜的角度。

5 轻轻盖上盖子，等咖啡粉静止，时间约 2 分钟。

6 待咖啡粉静止后缓缓按下压杆完成萃取。倒入杯中。

法式滤压壶萃取杯测

采用厂商推荐的条件用法式滤压壶进行萃取,用巴赫咖啡的方式对萃取出的咖啡味道进行杯测(厂商推荐条件范围较广时,将萃取条件设定为巴赫拼配的基础萃取条件)。

萃取条件

● 咖啡粉——巴赫拼配

(a) 烘焙度·············· 中深偏深烘焙
(b) 研磨度·············· 中研磨(5.5)

〔与巴赫基础萃取不同的条件〕

(c) 投粉量·············· 两人份20g
(d) 水温·············· 93℃
(e) 萃取时间·········· 3分30秒(闷蒸1分钟)
(f) 萃取量·············· 240ml

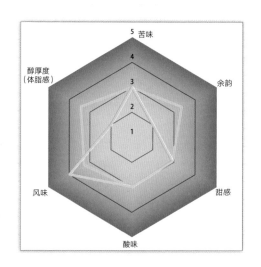

—— 巴赫
—— 法式滤压壶

萃取时的印象笔记

风味
酸味
甜感

风味、酸味与甜感的表现非常明显。适合用中深或中烘焙的咖啡豆。
因为采用浸泡式,所以成分浓度整体较高。
另外,油脂也更容易吸附香味。

整体

虽然咖啡液中混有微粉,但具有滤纸或滤布过滤做不出的浓郁风味。
能很好地展现咖啡豆的品质和烘焙度带来的味道。虽然咖啡豆的品质会影响味道,但也能更直接地享受咖啡的风味。操作要点是确保充足的闷蒸时间和轻柔地倒入热水。

3

通过杯测进行更细致的味道控制

理解第2章"决定咖啡味道的萃取技法"和第3章"用不同的器具萃取咖啡"后,最重要的是尽快实践,尝试在实际操作中对味道进行控制。

只掌握理论是不能控制味道并冲泡出咖啡的。实践的第一步是用现有的萃取工具,分段改变六个变量的条件。有时还可尝试过去不曾使用的萃取器具。相比以往只不过做了一些微小的改变,味道却有极大的不同。亲身体验这份惊喜,细细品味,一定会留下深刻的印象。

记录并研究味道的最终确认

要进一步提高对味道的控制能力,可以尝试冲泡出让自己更满意的味道,或研究店内的目标客户群,向客人偏好的口味靠近,也可以寻找当前最流行的口味。自己的想法决定味道的方向性,之后只需以此为目标不断钻研即可。

在最终决定味道之前,应改变多个条件反复萃取,磨炼自身的技艺。只要坚持练习,味觉就会越来越灵敏。而这期间,最重要的是对杯测结果进行记录。

如果每次品尝做好的咖啡,只是模糊地觉得"酸味偏重"或"有涩味",长此以往是不会有提高的。

杯测是对咖啡味道的最终确认。根据确认的味道,回顾该条件下萃取的优缺点(令人在意之处),进而考虑下一次要针对哪个变量做怎样的调整,才能进一步接近理想的味道。

在巴赫咖啡集团的学习会上,我会解答大家的疑问,而这些疑问都附有烘焙记录卡或杯测卡。这些辅助信息有助于更快地发现问题所在。杯测有多种方式,本书将介绍两种:一种是不用萃取工具即可实施的SCAJ式杯测,另一种则是使用萃取器具对实际的萃取液进行比较的巴赫咖啡式杯测。

SCAJ 式杯测

杯测历史悠久，以前的主流是巴西式杯测。这种做法以寻找咖啡豆的缺点为目的，是寻找缺点并进行评价的负面测试。之后，精品咖啡登上历史舞台，从生豆阶段就一直保持较高品质的咖啡豆越来越多。顺应这一潮流，以发现优点为目的的正面测试便成了杯测的主流。

不同的国家与文化对味道的评价倾向也有所不同，欧美更倾向于"香气"，亚洲则侧重于"味道"。苦味极大程度地左右着咖啡的味道。虽然对苦味的评价略显不足，不过在此还是介绍一下日本精品咖啡协会采用的SCAJ式杯测方法。

1 需准备：放有烘焙豆磨成的咖啡粉（10g）的杯子、杯测勺、装有洗勺水的杯子、用于盛放废弃咖啡液的杯子、热水。

2 注入热水前嗅闻咖啡粉的香味（干香）。

3 在杯中注入180ml热水（约95℃）。

4 闷蒸3分钟。

5 破开粉壳，被封住的香味瞬间释放。鼻子凑近杯口，确认香味（湿香）。

6 用勺子舀去表面的泡沫。

7 舀一勺咖啡液，用力吸入口中。操作时嘴巴微微张开，伴随咖啡液吸入空气，将咖啡液打成雾状，用后鼻腔感知汽化后的气味分子。

8 对多种咖啡进行杯测时，可吐出含入口中的咖啡液，用水洗净勺子，再换下一杯进行测试。

首先确认烘焙度和香气，随后对风味、余韵印象度、酸味、入口质感、杯子的干净度、甜感、和谐（均衡性）、综合评价等8个项目进行打分，每项满分为8分。

1 需准备：倒入杯中的新鲜咖啡、杯测勺、装有洗勺水的杯子、用于盛放废弃咖啡液的杯子。

2 舀一勺杯中的新鲜咖啡，观察汤色。这时可先观察并记录咖啡液的状态。

3 舀一勺咖啡液，用力吸入口中。操作时嘴巴微微张开，伴随咖啡液吸入空气，将咖啡液打成雾状，用后鼻腔感知汽化后的气味分子。

4 对多种咖啡进行杯测时，可吐出含入口中的咖啡液，用水洗净勺子，再换下一杯进行测试。

巴赫咖啡式杯测

本书更推荐各位读者的，是对滤纸滴漏式的咖啡液进行测试的巴赫咖啡式杯测。

在店里，我们的实际操作是这样的。先将新到的咖啡豆进行中烘焙后，按中研磨度磨豆，在两个杯子中分别加入10g咖啡粉，倒入180ml热水。然后按照SCAJ的做法进行常规杯测。此后，会按照店里常用的烘焙度对生豆进行烘焙，并分别以适当的研磨度磨粉后用滤纸滴漏式萃取。把萃取出的咖啡液倒入杯中，用杯测勺进行杯测。

对萃取出的咖啡液进行杯测的好处是对萃取实践有很高的参考价值。这在味道控制的习得过程中是非常关键的。

改变六个变量或萃取器具时进行杯测并留下记录，能非常直观地看到味道控制的倾向性与自身味觉敏感度的变化。

希望读者能复印下一页的简易评价表，养成为杯测做记录的习惯。在投身咖啡的世界，不断磨炼控制味道技法的过程中，这些记录将会累积成一笔巨大的财富。

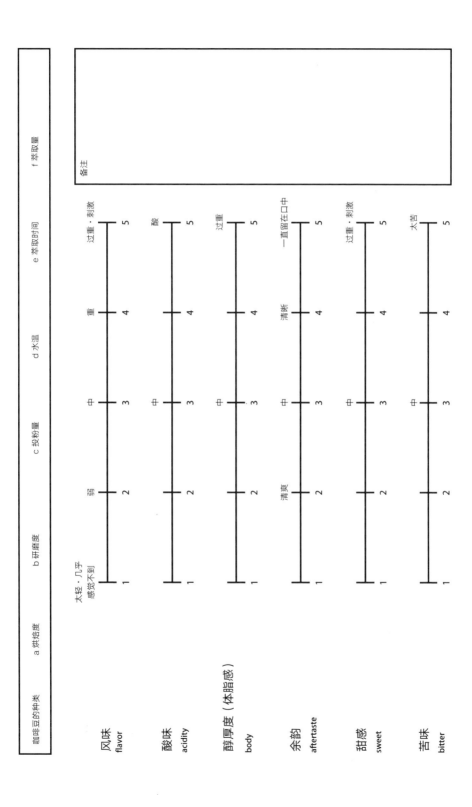

咖啡豆的种类	a 烘焙度	b 研磨度	c 投粉量	d 水温	e 萃取时间	f 萃取量

备注

风味 flavor
太轻·几乎感觉不到 1 — 弱 2 — 中 3 — 重 4 — 过重·刺激 5

酸味 acidity
1 — 2 — 中 3 — 4 — 酸 5

醇厚度（体脂感）body
1 — 2 — 中 3 — 4 — 过重 5

余韵 aftertaste
1 — 清爽 2 — 中 3 — 清晰 4 — 一直留在口中 5

甜感 sweet
1 — 2 — 中 3 — 4 — 过重·刺激 5

苦味 bitter
1 — 2 — 中 3 — 4 — 大苦 5

结语

如果能反复研读本书，加深理解并化为己用，那么细腻地控制咖啡味道将不是遥远的梦想。

即便你之前没有萃取咖啡的经验，从零开始，也是一样。

本书介绍的萃取技法，是我和巴赫咖啡亲爱的员工们不断改变条件，反复进行萃取尝试，通过实际杯测记录积累并总结出来的。

如果翻开这本书让你感到心情激动、跃跃欲试，不妨与我们一样，反复改变条件，不断进行杯测，亲自挑战一下对味道的控制。

萃取咖啡与摄影很相似。

不论遇到多么适合上镜的地方，找到多美的拍摄对象，在拍摄中怎么构图、如何捕捉光线、怎样对焦全凭自己选择。

只有让自己心动的瞬间，才能拍出让他人感动、共情的照片。

萃取也是一样，将重点放在哪种味道上，选择突出什么味道，不同的选择能让相同的烘焙豆萃取出完全不同的两杯咖啡。

而决定味道的，恰恰是我们自己。

只有让自己怦然心动的咖啡，才能抓住品尝这杯咖啡的人的心。

我衷心希望本书能让你感受到探索这份心动所带来的乐趣。

咖啡店大部分的工作都在客人看不到的地方开展。

购买生豆、烘焙咖啡豆、让萃取咖啡的厨房的每个角落都保持干净、精心呵护器具并时刻保持器具的最佳状态，每个环节都缺一不可。

细节上的用心会叠加在一起集中体现在最终的出品里，让一杯咖啡的味道别具匠心。

如果打算开咖啡店，那不仅要注重味道，更要让店内的角角落落都保持同样的用心。品味咖啡的空间也会对咖啡本身的味道带来很大的影响。

这一点千万要牢记。

你当初梦想的目标是否已经实现了呢？

"我想将这些技法传授给未来可期的年轻后继者们，

让更多的客人发现咖啡的美好。"

为了咖啡的未来。

田口护

咖啡机做的咖啡能算咖啡吗？

那是距今约20年的事。有一天，日本经济新闻驻大阪的一位记者给我打来电话："田口护先生，咖啡机做的咖啡是不是不能算咖啡？"

细问之下才知道，提出这个问题的记者遇到了这样一件事。

在某家咖啡店，他随口提到"出外勤后回到公司喝的那杯咖啡真是最美味不过了"，没想到店主却说"那种咖啡机做的根本不能算咖啡"。记者觉得自己仿佛遭到了全盘否认，忍不住给我打电话询问。

当时我是这样回答的："不，我完全不这么认为。现在我和你打电话的地方，旁边就放着一台咖啡机呢。深夜工作时我也会喝咖啡机做的咖啡。"

"真的吗？"那位记者在电话那头发出有几分惊讶又有几分安心的声音。

"来我们店的客人中，反而是那些家里有咖啡机的客人会定期购买咖啡豆。巴赫咖啡还会询问客人家中使用的咖啡机型号，研究如何用家里的咖啡机做出接近巴

赫店里的咖啡口味，再告诉客人呢。让享用一杯咖啡变得如此简单，咖啡机真是了不起的工具。"我毫不迟疑地回答。

我的目的是让更多的人能享受咖啡的乐趣。自那个电话后，我开始思考，如果咖啡机也能控制味道，做出自己喜爱的味道该有多好。

在繁忙工作的空闲，想放松一下时，多么希望能轻松冲出一杯美味的咖啡呀。

20年后，能做出"专属于自己的一杯咖啡"的自动咖啡机终于在厂商的协助下研发成功了。我希望这台机器能帮助出外勤后回到办公室的职员缓解疲劳，在家人相聚的重要时间里相伴左右。

我想感谢当时打来那通电话的记者，并衷心希望大家能用这台咖啡机轻松享用一杯好咖啡。

配有可拆卸的低速平刀咖啡磨。容易清理且出粉均匀。水温（90℃、83℃）、研磨度（粗、中、细）可调。萃取时，热水会从6个方向间断喷入，从而在不破坏粉层的情况下完成萃取。
尺寸：W160*D335*H360（mm）
重量：约4.1kg（产品净重）
品牌：双鸟（TWINBIRD）

图书在版编目（CIP）数据

爱上手冲咖啡 / (日) 田口护, (日) 山田康一著；
安忆译. –– 南京：江苏凤凰文艺出版社, 2020.11(2024.4重印)
ISBN 978-7-5594-5122-4

Ⅰ.①爱… Ⅱ.①田… ②山… ③安… Ⅲ.①咖啡 –
基本知识 Ⅳ.①TS273

中国版本图书馆CIP数据核字(2020)第159010号

版权局著作权登记号：图字 10-2020-332

爱上手冲咖啡

[日] 田口护　[日] 山田康一 著　安忆 译

责任编辑　王昕宁

特约编辑　周晓晗 王 瑶

责任印制　刘 巍

装帧设计　鲁明静 汤 妮

出版发行　江苏凤凰文艺出版社

　　　　　南京市中央路165号，邮编：210009

网　　址　http:// www.jswenyi.com

印　　刷　天津联城印刷有限公司

开　　本　710毫米×1000毫米　1/16

印　　张　8

字　　数　95千字

版　　次　2020年11月第1版

印　　次　2024年4月第7次印刷

书　　号　ISBN 978-7-5594-5122-4

定　　价　58.00元

快读·慢活®

　　从出生到少女，到女人，再到成为妈妈，养育下一代，女性在每一个重要时期都需要知识、勇气与独立思考的能力。

　　"快读·慢活®"致力于陪伴女性终身成长，帮助新一代中国女性成长为更好的自己。从生活到职场，从美容护肤、运动健康到育儿、家庭教育、婚姻等各个维度，为中国女性提供全方位的知识支持，让生活更有趣，让育儿更轻松，让家庭生活更美好。